JN038579

FAメディア 代表
広川ともき 著

改訂版

この1冊で合格！

広川ともきの

第**2**種

電気 工事士
学科試験

テキスト&問題集

KADOKAWA

この1冊があれば、

あなたも合格できる！

電工試験に通じたプロが最速合格をナビゲート!

電工2種試験の
キモを教えます!

　本書は、高等専修学校電気工事士科で電気工事士の育成にあたり、その後、電気工事専門誌の編集長として、解答速報／試験対策の連載記事など、最新の「電気工事士試験」を精査・検証し、受験者の質問に答え続けてきた、業界歴25年超・広川ともき氏が執筆。時間のない社会人や独学者、初学者に向け、より効率的に学ぶ学習法（メソッド）が示されています。

　"ムダなことはやらない"プロ直伝のテスト対策がこの本でわかります!

本書のココがすごい!

1 必修ポイントをていねいに伝授!

　電気工事士試験を教える側として、そして教材を制作する側として長年取り組んできた実績と豊富なノウハウから、その大切なポイントを図を使いながらやさしく教えます。

2 オールインワンだから安心!

　(一財) 電気技術者試験センターの科目に準拠した、テーマごとに解説したテキストと予想問題集を1冊にまとめていて、予想問題集で自分の実力を試すことができます。

3 効率的に学ぶ学習法（メソッド）で最速合格!

　第2種電気工事士試験の合格ラインは60点以上ですが、忙しい社会人や計算が苦手な独学者に向け、合格レベルの基礎知識を確実に習得できるよう構成しています。

4 パソコンですぐできる「CBT体験版」付き!

　本書には特典で、コンピュータ端末を使う新試験「CBT方式」のWebアプリ体験版が20問付いています。あくまで本書オリジナルですが、PCで解答する感覚を体感できます。

3つのステップで合格をつかみ取る！

STEP1　問題を解きながら理解できる

本書は、各テーマに必須の知識を解説した後、実際に出題された問題を解くことで、確実に理解を深めることができるよう構成されています。それらの問題を繰り返し解きながら、知識を確実にしていきましょう！

実際の出題を解いてみます！

大事なヒントをここで教えます！

一言アドバイスも！

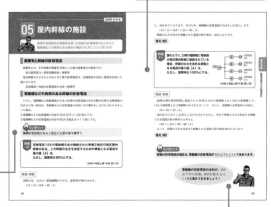

STEP2　「得点力」が高まる予想問題集

テキストを一通り学習して基礎ができたら、「PART2」の予想問題集にチャレンジしてみましょう。試験に慣れて関連知識をさらに深めることができ、自然に得点力がつきます。これで、グッと合格に近づきます！

予想問題5回分を収録！

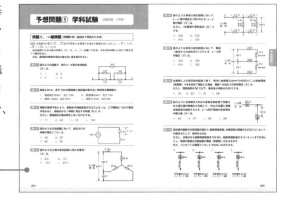

STEP3　不確かな知識、間違えた問題の再確認で理解を確実に

試験の直前には、ざっとテキストを復習して、知識にモレがないか確認しましょう。また、これまでのステップで解けなかった問題があれば、再度解いたり、該当部分の解説を精読して理解を深めましょう！

読者特典「CBT体験版」の使用方法や注意事項については、本書巻末358ページをご確認ください！

はじめに

　「第2種電気工事士」は、一般用電気工作物の電気工事をするための国家資格です。この資格を取得すれば、一般の住宅や小規模なお店や工場などの電気工事を行うことができます。

　でもなぜ、電気工事を行うのに国家資格が必要なのでしょうか。それは、それだけ電気が危険なものだからです。戦後の日本では、電気工事士の資格がない時期がありました。その時、品質の悪い材料を使った工事や知識のない人が行った工事などで、感電事故や火災事故が発生し、多くの被害があったのです。このことを踏まえ「電気工事を行う人には国の認めた資格が必要」として、電気工事士の資格が誕生しました。

　つまり、電気工事を行うに当たっては正しい電気工事に関する知識が必要だということです。その知識があるかどうかを問われるのが、本書で扱う「第2種電気工事士学科試験」です。ぜひ皆さんには、この試験の勉強を通して正しい電気工事の知識を身に付けていただくよう願っております。

　さらに付け加えると、太陽光発電に代表される再生可能エネルギーや環境にやさしいとされる電気自動車など、電気の技術が必要なステージは増えています。実際、国は2050年までに温室効果ガスを実質ゼロにしようとしています。これを実現するため、再生可能エネルギーや電気自動車の活用はもっと進むでしょう。このことは、ますます第2種電気工事士の資格が重要になることを意味しています。

　また、第2種電気工事士を取得後は、認定電気工事従事者（講習で取得可能）、第1種電気工事士、あるいは電気主任技術者や電気工事施工管理技士など、さらに上級資格へステップアップしていくこともできます。その登竜門として重要な試験を、本書を活用して合格され、日本のインフラを支えるスペシャリストとして活躍されることを祈念しています。

ELEFAメディア　代表　広川ともき

── 本書を使った学習の進め方 ──

① タイプ別学習法

計算問題が苦手な方

> 計算が苦手な方は、計算が少ない暗記問題を中心に学習しましょう！

　まず「第3章」から始めていきましょう。第3章は計算問題が少なくて暗記問題が多く、試験で出題される割合も高いので、確実に点数が取れます。そのような問題を優先して、最後に計算問題にチャレンジします。

科目別解説の学習の順番

第3章　電気機器、配線器具ならびに電気工事用の材料および工具

▼

第4章　電気工事の施工方法

▼

第5章　一般用電気工作物等の検査方法

▼

第6章　一般用電気工作物等の保安に関する法令

▼

第7章　配線図問題の基本と図記号

▼

第8章　使用する材料・工具

▼

第9章　電気設備の技術基準の解釈に適合する工事

▼

第10章　最少電線本数とボックス内接続

▼

第2章	配電理論および配電設計

▼

第1章	電気に関する基礎理論

▼

予想問題集

最後に仕上げとして、予想問題集に挑戦していくと良いでしょう。

計算問題にアレルギーがない方

計算問題の利点は、基本的な式を覚えておき、それを活用できれば、さまざまな問題に応用できるということ。そのため、電気理論の基礎を最初に学んで、他の問題でも使えるようにしておくことができます。

電気数学をある程度理解できれば、第1章から順番に学んでいくと良いでしょう。

科目別解説の学習の順番

第1章	電気に関する基礎理論

▼

第2章	配電理論および配電設計

▼

第3章	電気機器、配線器具ならびに電気工事用の材料および工具

▼

第4章	電気工事の施工方法

▼

第5章	一般用電気工作物等の検査方法

▼

第6章	一般用電気工作物等の保安に関する法令

▼

第7章	配線図問題の基本と図記号

▼

第8章	使用する材料・工具

▼

第9章	電気設備の技術基準の解釈に適合する工事

▼

第10章	最少電線本数とボックス内接続

▼

予想問題集

②学習スケジュール

・隙間時間を活用しよう

敵を知り己を知れば百戦危うからず。まず自分のスケジュールを確認しましょう！

電気設備に関する国家試験の中で一番やさしいとされる第2種電気工事士ですが、一夜漬け程度で合格できるほど甘くはありません。電気工学などの知識が全くない場合には、できれば1カ月、少なくとも2～3週間程度は学習時間を取っておくと良いでしょう。試験直前にあわてて勉強することがないよう、事前に学習計画を立てておきましょう。

忙しくて自宅の机に座る時間がない場合も、通勤・通学時間などちょっとした隙間時間を活用することができます。本書はどこでも持ち運べるハンディサイズですので、ぜひ取り組んでみてください。

③これからの学科試験の傾向

・新しい技術と現場に即した問題の増加

本書は過去問題を中心に解説しています。しかし実際の試験では、過去の問題にない新しい問題が出題されることもあります。

①新技術の普及

LED照明器具、太陽光発電（太陽電池）設備などに関する問題は過去にありませんでしたが、最近は必ず出題されています。このように、最近電気工事でよく行われるようになった新技術に関する問題が出題されたりします。

②電気工事で浸透してきた工法

実際の電気工事では、普及し浸透している、過去問題にはない工事方法もあります。このような、現場で使われる材料や工具、また工事方法の変化に合わせて新しい問題が出題される可能性があります。

③法規などの改正

電気設備技術基準に関する省令やその解釈、電気工事関連の法規などが改正されると、その改正が浸透するまでの期間を置いてから出題されることもあります。

このように、新しい問題に関しても傾向を知っておく必要はありますが、ほとんどの問題が過去の問題の類型であり、新問題の割合が非常に少ないため、まずは過去に出題された問題を徹底的に学習する方が先決です。

本書で、それら過去の頻出問題をしっかり押さえておきましょう。

──第2種電気工事士試験とは？──

電気工事士試験の概要

電気工事士は、電気工事の欠陥による災害の発生を防止するために、電気工事士法によって定められた資格です。この法律によって、一定範囲の電気工作物について電気工事の作業に従事する者が定められています。

電気工事士の資格には「第1種電気工事士」と「第2種電気工事士」があります。第1種電気工事士は一般用電気工作物等および自家用電気工作物（最大電力500 kW未満の需要設備）の作業に、第2種電気工事士は一般用電気工作物等の作業に、それぞれ従事することができます。

第1種電気工事士免状取得者	第2種電気工事士免状取得者
●自家用電気工作物（最大500kW未満） ●一般用電気工作物等	●一般用電気工作物等

①第1種電気工事士

第1種電気工事士は、自家用電気工作物のうち最大電力500kW未満の需要設備の電気工事と一般用電気工作物等の電気工事の作業に従事することができます。

ただし、自家用電気工作物の作業のうちネオン工事と非常用予備発電装置工事の作業に従事するには、特種電気工事資格者という別の認定証が必要です。

また、第1種電気工事士の免状を取得するには、試験に合格するだけでなく所定の実務経験が必要になります。

②第2種電気工事士

一般住宅や小規模な店舗、事業所など、送配電事業者から低圧（600V以下）で受電する場所の配線や電気使用設備等の一般用電気工作物等の電気工事に従事することができます。

また、免状取得後3年以上の電気工事の実務経験を積むか、所定の講習（認定電気工事従事者認定講習）を受け、産業保安監督部長から「認定電気工事従事者認定証」の交付を受ければ、自家用電気工作物（500kW未満）の低圧部分（電線路に係るものを除く）の作業に従事することができます。

第2種電気工事士試験の内容

　第2種電気工事士試験は「学科試験」と「技能試験」があります。技能試験は、学科試験合格者と学科試験免除者が受験できます。

学科試験		
試験科目	**範　囲**	**問題数**
1 電気に関する基礎理論	1 電流、電圧、電力及び電気抵抗 2 導体及び絶縁体　3 交流電気の基礎概念 4 電気回路の計算	5問
2 配電理論及び配線設計	1 配電方式　2 引込線　3 配線	5問
3 電気機器、配線器具並びに 　電気工事用の材料及び工具	1 電気機器及び配線器具の構造及び性能 2 電気工事用の材料の材質及び用途 3 電気工事用の工具の用途	8問
4 電気工事の施工方法	1 配線工事の方法 2 電気機器及び配線器具の設置工事の方法 3 コード及びキャブタイヤケーブルの取付方法 4 接地工事の方法	5問
5 一般用電気工作物等の 　検査方法	1 点検の方法　2 導通試験の方法 3 絶縁抵抗測定の方法　4 接地抵抗測定の方法 5 試験用器具の性能及び使用方法	4問
6 配線図	配線図の表示事項及び表示方法	20問
7 一般用電気工作物等の 　保安に関する法令	1 電気工事士法、同法施行令、同法施行規則 2 電気設備に関する技術基準を定める省令 3 電気用品安全法、同法施行令、同法施行規則及 　び電気用品の技術上の基準を定める省令	3問

技能試験（次に掲げる事項の全部または一部）
1 電線の接続　2 配線工事　3 電気機器及び配線器具の設置
4 電気機器、配線器具並びに電気工事用の材料及び工具の使用方法
5 コード及びキャブタイヤケーブルの取付け
6 接地工事　7 電流、電圧、電力及び電気抵抗の測定
8 一般用電気工作物等の検査　9 一般用電気工作物等の故障箇所の修理

受験手数料	インターネットによる申込み　9,300円（非課税） 書面による申込み　　　　　9,600円（非課税）
受験資格	特になし
学科試験合格基準点	60点以上（年度によって調整あり）
学科試験時間	2時間
学科試験形式	四肢択一方式によりマークシートもしくはコンピュータ端末で解答
受験申込期間 （例年：変更される場合あり）	上期　3月中旬～4月初旬 下期　8月下旬～9月初旬
学科試験実施時期 （例年：変更される場合あり）	上期　CBT方式4月下旬～5月中旬 　　　筆記方式5月下旬～6月初旬 下期　CBT方式9月下旬～10月初旬 　　　筆記方式10月下旬
学科試験受験者数	令和4年度：145,088人 令和3年度：156,553人 令和2年度：104,883人
学科試験合格率	令和4年度：56% 令和3年度：59% 令和2年度：62%

　また、身体に障害のある方で、試験で援助を希望される方、試験問題の漢字にふりがな（ルビ）を希望する方は、受験申し込み期間内に試験センターまでご相談ください。

受験申込方法

①書面による受験申込み
「受験案内・申込書」に折り込みの受験申込書に必要事項を記入し、受験手数料とともに、ゆうちょ銀行（郵便局）の窓口に提出します。

②インターネットによる受験申込み
　インターネットを利用して試験センターのホームページにアクセスして受験申込みを行い、期限内に受験手数料の支払い手続きを済ませます。
　具体的な受験の申込方法については、一般財団法人 電気技術者試験センターのウェブサイト（https：//www.shiken.or.jp/）で確認してください。

2023年度から、第2種電気工事士学科試験(「筆記試験」から変更)に、会場に設置されたコンピュータ端末から解答していく「CBT方式」が選択肢として導入されました。

このCBT方式は、自分の都合に合わせて受験できるので、受験機会の増加や自分の予定に合わせた受験計画が可能になり、受験者の皆さんにとって有利な制度と言えます。

ただ、CBT方式にもメリットとデメリットがありますから、自分の状況に合わせて試験の形態を選択することが重要になると思います。実際の受験者の体験をもとに、どのような対応ができるか解説しましょう。

CBT方式の特徴

第2種電気工事士学科試験では、従来の「筆記方式」と新たに導入された「CBT方式」、どちらの試験を受けるかを受験者が選択できます。CBT方式は、

❶ 開催期間内であれば、試験会場および試験日時を選択して受験可能
試験会場は、全国に約200カ所を予定しており、その中から選択可能
❷ 試験日の3日前まで、試験会場および試験日時の変更が可能

など、受験者の利便性を大幅に向上させた制度です。さらに、会場申込期間であればCBT方式から筆記方式に変更することも可能です。

受験申込期間は、CBT方式、筆記方式ともに同じです。CBT方式を希望する場合は、受験申込確定後、指定された会場申込期間内に別途、CBT会場申込手続(試験会場および試験日時の選択手続き)を行う必要があります。期間内にCBT会場申込手続を行わなかった場合は、これまでと同じ筆記方式での受験となります。

CBT会場申込手続は、マイページから試験会場・試験日時を選択することで行います。このため、CBT方式を希望する場合は、郵便(書面)申込を行った場合でもオンライン環境でのマイページ作成が必須となり、インターネットを使用してCBT会場申込手続を行う必要があります。

会場には、運転免許証などの身分証明書を必ず持っていく必要があります。また、持ち込めるものは、会場で準備されたメモ用紙と筆記用具のみで、それ以外の私物はロッカーに入れなければなりません。持ち物は、身分証明書以外少ないほうがよいでしょう。

試験では、コンピュータ端末を操作しながら解答していきます。試験問題・解答は公表されませんし、CBT方式受験で知った試験の内容について外部に伝えることは禁止されています。メモ用紙などもすべて回収されます。

CBT方式のメリット・デメリット

CBT方式と筆記方式のメリット・デメリットを比較すると、次のようになります。

	CBT方式	筆記方式
メリット	・受験の日程を選択できるので、受験の機会が増える ・コンピュータ端末に慣れている人はやりやすい	・試験用紙のサイズが大きく、配線図問題が見やすい ・好きな順番で解答できる ・受験申込から試験日まで時間的余裕がある
デメリット	・試験実施期間が早めなので、早めの学習計画が必要 ・コンピュータ端末の画面のサイズになるので、配線図をそれ以上大きくできない ・解答の順番が固定される	・受験日程が固定され、選択できない ・コンピュータ端末に慣れていないと操作が難しい

CBT方式では早めの準備が重要

自分の都合で受験できるCBT方式には大きな魅力がありますが、日程が早めに設定されていることに注意が必要です。2023年度では、3月中旬〜4月初旬の受付期間で試験実施日は4月下旬〜5月中旬と、最初の日程で受験しようとすると1カ月も学習時間がありません。自分がいつ受験するかを基準に早め早めの学習計画を立ててください。

配線図問題は頭の中でイメージできるように

コンピュータ端末を使う試験の特徴である、画面のサイズに合わせた問題において、受験者がやりにくさを感じるのは「配線図問題」でしょう。特に、複線化が必要な問題は全体図を見なければいけないので、その点が顕著になると思われます。

そのような場合も、配線図の基本がしっかりと頭に入っていて、イメージ展開できると強みになります。そこを意識しながら学習してみましょう。

固定された解答順への対応

もう一つ問題になるのは、解答する問題の順番が固定されるというものです。特に、苦手な問題を後回しにするクセがついている受験者は苦戦するかもしれません。

そのため、できるだけ苦手な問題を少なくする工夫をすること、また、時間がかかりそうな問題では一定のルールを作り、一定の時間以上かかる場合は次に進むなどを決めておくことが必要でしょう。

読者特典のWebアプリ「CBT体験版」に挑戦しましょう。使い方は巻末358ページに！

目次

PART1 │ 科目別解説

第1章

電気に関する基礎理論

第2章

配電理論および配電設計

第3章

電気機器、配線器具ならびに電気工事用の材料および工具

第4章

電気工事の施工方法

第5章

一般用電気工作物等の検査方法

第6章

一般用電気工作物等の保安に関する法令

第7章

配線図問題の基本と図記号

第8章

使用する材料・工具

第9章

電気設備の技術基準の解釈に適合する工事

第10章
最少電線本数とボックス内接続

PART2 予想問題集(5回分)

PART1

科目別解説

第1章

電気に関する基礎理論

この章では、電気に関する基礎的な理論を学びます。直流回路の計算方法、導体の抵抗値のもとめ方、電力・発熱量の計算方法、交流回路の計算方法、交流電力の計算方法、三相交流回路の計算方法と、電気を知るために必要な基礎をしっかりと身に付けます。計算問題が多い科目ですので、実際にその問題を解きながら、繰り返して、体感的に覚えていきましょう！

01 合成抵抗

「電気に関する基礎理論」において必須となる、
合成抵抗のもとめ方を学びます

合成抵抗とは…

　抵抗とは電気の流れにくさを表す値、または電気を流れにくくするもの（負荷など）を表します。抵抗[Ω]の値が大きければ大きいほど電気が流れにくくなります。

　合成抵抗は、複数の抵抗を合わせて、1つの抵抗として見た場合の抵抗の値を表します。

1つの抵抗と見なす

直列接続の合成抵抗

　直列接続とは、抵抗の片端同士が接続されたものです。直列接続の合成抵抗のもとめ方は、直列に接続された抵抗をそれぞれ足していきます。

直列接続の合成抵抗＝抵抗A＋抵抗B

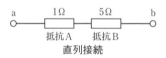

直列接続

　この図では、1Ωと5Ωなので、a－b間の合成抵抗は1＋5で6Ωとなります。

並列接続の合成抵抗

　並列接続とは、抵抗の両端同士が接続されたものです。並列接続の合成抵抗のもとめ方は、次の式のとおりです。

$$並列接続の合成抵抗 = \cfrac{1}{\cfrac{1}{抵抗A} + \cfrac{1}{抵抗B}} \ [\Omega]$$

　また2個の並列接続の簡単なもとめ方は、次のとおりです。「和分の積」と覚えましょう。

$$並列接続の合成抵抗 = \frac{抵抗A \times 抵抗B}{抵抗A + 抵抗B}$$

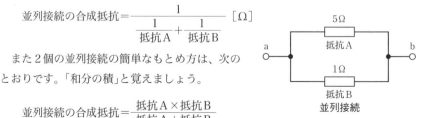

並列接続

この図では、1Ωと5Ωなので、a−b間の合成抵抗は $(5 \times 1) / (5 + 1)$ で約0.83Ω となります。

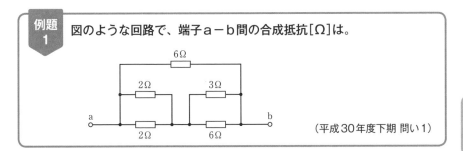

（平成30年度下期 問い1）

例題1 図のような回路で、端子a−b間の合成抵抗[Ω]は。

解説・解答

合成抵抗は、並列もしくは直列で簡単に合成抵抗を求められるところからスタートします。この回路では、左下の並列の2つの抵抗と右下の並列の2つの抵抗になります。

①左下の2つの抵抗の合成

$$\frac{2 \times 2}{2 + 2} = \frac{4}{4} = 1 \ [\Omega]$$

②右下の2つの抵抗の合成

$$\frac{3 \times 6}{3 + 6} = \frac{18}{9} = 2 \ [\Omega]$$

合成した2つの合成抵抗をさらに合成します。

$$1 + 2 = 3 \ [\Omega]$$

最後にこの合成抵抗と上に並列にある6Ωの抵抗を合成すると、

$$\frac{3 \times 6}{3 + 6} = \frac{18}{9} = 2 \ [\Omega]$$

答え 2

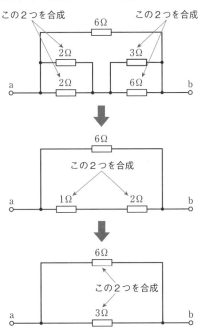

ワンポイント

合成抵抗を求める際は、直列接続と並列接続の合成抵抗のもとめ方を組み合わせて近くの抵抗から順番に合成していきます。

電流が流れない場合

抵抗のない電線が並列に接続されている場合は、電線にすべての電流が流れ、**抵抗には電流が流れません**。

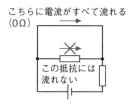

こちらに電流がすべて流れる（0Ω）

この抵抗には流れない

電圧がかからない場合

抵抗の両端の一方が開放されている場合には、**抵抗には電圧がかかりません**。電圧のかからない抵抗には電流も流れません。

電流が流れていない抵抗は**合成抵抗の計算から除外**します。

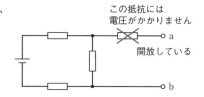

この抵抗には電圧がかかりません

開放している

例題 2

図のような回路で、スイッチS_1を閉じ、スイッチS_2を開いたときの、端子a－b間の合成抵抗[Ω]は。

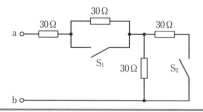

（令和3年度下期 午前 問い1）

解説・解答

スイッチS_1を閉じ、スイッチS_2を開いてa－b間に電圧をかけても右の上の図のように、2つの抵抗に電流が流れません。よって、この2つの抵抗を無視することができます。

そのことを考慮に入れて、合成できる抵抗を整理すると右下の図のようになります。

直列に接続された2つの抵抗だけが残ります。これを合成すると、

$$30 + 30 = 60 \ [\Omega]$$

答え 60

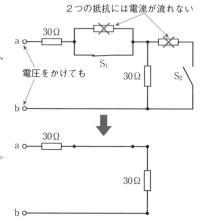

2つの抵抗には電流が流れない

電圧をかけても

 ワンポイント

合成抵抗をもとめるとき、電流が流れていない（電圧がかかっていない）抵抗は除外して計算します。

このように、合成しない抵抗もあります！

 レッツ・トライ！

練習問題❶ 図のような回路で、端子a−b間の合成抵抗[Ω]は。

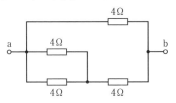

（平成27年度上期 問い1）

練習問題❷ 図のような回路で、端子a−b間の合成抵抗[Ω]は。

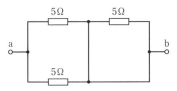

（平成29年度上期 問い1）

解答

練習問題❶ 2.4

　左下の2つの抵抗を合成し（2Ω）、その合成抵抗と右下の抵抗を合成（6Ω）。その合成抵抗6Ωを上の抵抗4Ωと合成するともとめられます{(6×4)/(6+4)＝2.4 [Ω]}。

練習問題❷ 2.5

　右の5Ωには電流が流れないので、合成抵抗の計算では無視します{(5×5)/(5+5)＝2.5 [Ω]}。

02 直流回路

「オームの法則」を使い、
直流回路の電圧や電流のもとめ方を学びます

オームの法則

電圧、電流、抵抗の関係を式に表すと次のとおりです。

電圧＝電流×抵抗　　　電流＝$\dfrac{電圧}{抵抗}$　　　抵抗＝$\dfrac{電圧}{電流}$

これを「オームの法則」といいます。

電圧・電流・抵抗

　電圧とは、水が高いところから低いところに流れるように、電気の位置の差である電位差を表します。地面（接地極）は電位差の基準として0Vとして考えます。**記号はVで単位はV（ボルト）になります。**

　電流とは、時間あたりに流れる電気の量です。**記号はIで単位はA（アンペア）になります。**

　抵抗とは、電気の流れにくさ、あるいは電気の流れを妨げる強さです。**記号はRで単位はΩ（オーム）になります。**

例題 3　図のような直流回路で、a−b間の電圧[V]は。

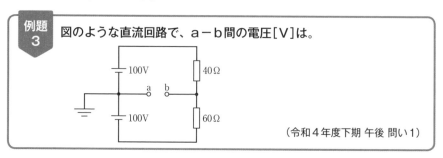

（令和4年度下期 午後 問い1）

解説・解答

　まず、最初に直列に接続された、40Ω、60Ωの2つの抵抗に流れる電流をもとめます。これは、2つの電池の電圧の合計と、合成抵抗からもとめることができます。

・**2つの電池の電圧の合計**

　100＋100＝200［V］

・**2つの抵抗の合成抵抗**

$40 + 60 = 100$ [Ω]

・**直流回路に流れる電流**

$$\frac{200}{100} = 2 \text{ [A]}$$

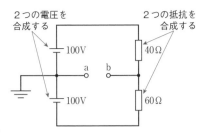

2つの電圧を合成する　　2つの抵抗を合成する

aは接地線に接続されているので0Vと考え、100Vの電池の電圧と60Ωの抵抗の両端の電圧の差をa−b間の電圧としてもとめます。

・**60Ωの抵抗の両端の電圧**

$60 \times 2 = 120$ [V]

・**電圧の差は…**

$120 - 100 = 20$ [V]

よって、a−b間の電圧は20Vになります。

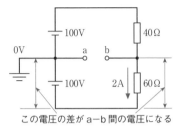

この電圧の差が a−b 間の電圧になる

答え 20

ワンポイント

直流回路は、電圧を問う問題が最も多く出題されていますので慣れておきましょう。

例題4　**図のような直流回路に流れる電流 I [A]は。**

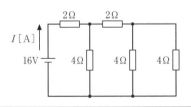

（平成26年度下期 問い2）

解説・解答

　まず回路全体の合成抵抗をもとめます。最初に一番右の4Ωの抵抗と並列に接続されている4Ωの抵抗を合成します。

$$\frac{4 \times 4}{4 + 4} = \frac{16}{8} = 2 \text{ [Ω]}$$

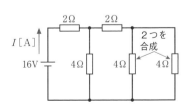

2つを合成

27

合成抵抗は2Ωになります。次にこの合成抵抗
と中央上にある2Ωの抵抗を合成します。

$2+2=4 \ [\Omega]$

次にこの合成抵抗と並列に接続されている4Ω
の抵抗を合成します。

$$\frac{4 \times 4}{4+4}=\frac{16}{8}=2 \ [\Omega]$$

最後にこの合成抵抗と直列に接続されている
2Ωの抵抗を合成しましょう。

$2+2=4 \ [\Omega]$

回路の合成抵抗が出ましたので、この合成抵抗

の値と電源の電圧の値を使って回路に流れる電流Iがもとめられます。

$$\frac{16}{4}=4 \ [A]$$

この直流回路に流れる電流Iは4Aになります。

答え 4

✏️ **レッツ・トライ!**

練習問題❸ **図のような回路で、スイッチSを閉じたとき、a－b端子**
間の電圧[V]は。

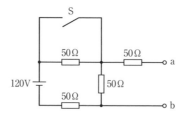

（2019年度上期 問い1）

解答

練習問題❸ **60**

左中央の抵抗と右中央の抵抗には電流が流れていないことを考えて計算します。

$$\frac{120}{100}=1.2 \ [A] \quad 1.2 \times 50 = 60 \ [V]$$

03 導体の抵抗

電線の導体の太さと長さから抵抗値を
どのようにもとめるかを学びます

電線の導体の抵抗

電線は電気の流れる導体と絶縁被覆でできて
います。この導体は、導体の材質の抵抗率と断
面積、長さによって抵抗がもとめられます。

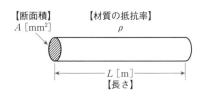

【断面積】　　【材質の抵抗率】
$A\,[\mathrm{mm}^2]$　　　ρ

$L\,[\mathrm{m}]$
【長さ】

$$導体の抵抗 R = 抵抗率 \rho \times \frac{長さ L}{断面積 A}$$

導体の抵抗は**導体の長さに比例し**(長ければ通りにくい)、**導体の断面積に反比例しま
す**(太ければ通りやすい)。

実際の試験では、断面積ではなく、直径で出
題されることも多くあります。

直径から断面積をもとめる式は、

【直径】
$D\,[\mathrm{mm}]$

$L\,[\mathrm{m}]$
【長さ】

$$断面積 A = \frac{\pi \times 直径 D^2}{4}$$

これを、先の導体の抵抗をもとめる式に代入すると、

$$導体の抵抗 R = \rho \times \frac{L}{\dfrac{\pi D^2}{4}} = \rho \times \frac{4L}{\pi D^2}$$

導体の抵抗Rは直径の2乗に反比例します。

ワンポイント

**イメージとしては電気の通る導体を水の通るパイプと連想し、長いパイプは
水(電気)を通しにくく、太ければ通しやすいと考えてみてください。**

例題 5

A、B 2本の同材質の銅線がある。Aは直径1.6mm、長さ20m、Bは直径3.2mm、長さ40mである。Aの抵抗はBの抵抗の何倍か。

(令和2年度下期 午前 問い2)

解説・解答

Aの抵抗R_Aは、

$$R_A = \rho \times \frac{\text{Aの長さ[m]}}{\text{Aの断面積[mm}^2\text{]}} = \rho \times \frac{20}{(1.6/2)^2 \times \pi}$$

Bの抵抗R_Bは、

$$R_B = \rho \times \frac{\text{Bの長さ[m]}}{\text{Bの断面積[mm}^2\text{]}} = \rho \times \frac{40}{(3.2/2)^2 \times \pi}$$

「Aの抵抗はBの抵抗の何倍か」というので、R_Aを分子にR_Bを分母に置いて、

$$\frac{R_A}{R_B} = \frac{\rho \times \dfrac{20}{(1.6/2)^2 \times \pi}}{\rho \times \dfrac{40}{(3.2/2)^2 \times \pi}} = \frac{\rho \times \dfrac{20}{(1.6/2)^2 \times \pi}}{\rho \times \dfrac{40}{(3.2/2)^2 \times \pi}} \frac{1}{2} = \frac{\dfrac{1}{(1.6/2)^2}}{\dfrac{2}{(3.2/2)^2}} = \frac{\dfrac{4}{1.6^2}}{\dfrac{2}{1.6^2}} = 2$$

答えは2倍になります。

答え 2

 レッツ・トライ！

練習問題❹ 直径2.6mm、長さ10mの銅導線と抵抗値が最も近い同材質の銅導線は。

イ．断面積5.5mm²、長さ10m　ロ．断面積8mm²、長さ10m

ハ．直径1.6mm、長さ20m　ニ．直径3.2mm、長さ5m

(2019年度下期 問い2)

解答

練習問題❹ イ

直径2.6mmの銅導線と断面積5.5mm²の銅導線はほぼ同じ太さになります。

04 電力・発熱量

電力と電力量のもとめ方と
ジュールの法則を使った発熱量のもとめ方を学びます

電力と電力量

　電力（記号P：単位W（ワット））とは電気エネルギーが1秒当たりに消費される量を表します。直流回路では、**電圧×電流**になります。

　電力P＝電圧V×電流I

　電力量（記号W：単位W・h（ワットアワー））とは電気エネルギーによる仕事の総量で、**電力×時間**でもとめます。

　電力量W＝電力P×時間t

ジュールの法則

　抵抗に流れる電流によって発生する熱量の関係式で、以下のようになります。

　熱量H＝電流I^2×抵抗R×時間t＝電力P×時間t

　なお、熱量（発熱量：記号H）の単位はJ（ジュール）になります。1Jは1秒間に費やす電力量とイコールになります。

　1［J］＝1［W・s］

電力と発熱量

　電熱器の電力をPとすると、t時間使用した発熱量H［kJ（キロジュール）］は次のとおりです。

　発熱量H＝3 600×P×t

　電力量をW［kW・h］とすると、

　H＝3 600×電力量W

 ワンポイント

3 600は1時間を秒に変換したものです。

例題
6

消費電力が500Wの電熱器を、1時間30分使用したときの発熱量
[kJ]は。

（2019年度下期 問い3）

解説・解答

発熱量の式は以下のようになります。

　発熱量$H = 3\,600 \times$消費電力$P \times$時間$t \times 10^{-3}$ [kJ]

数値を式に入れると、（1時間30分は1.5時間とする）

　$H = 3\,600 \times 500 \times 1.5 \times 10^{-3} = 2\,700$ [kJ]

電熱器の発熱量は2 700kJになります。

答え 2 700

水の比熱

　水の比熱とは、1kgの水を1K（ケルビン）上げるのに必要な熱量です。水a[kg]をb[K]あげる熱量は、

　熱量$= a \times b \times$水の比熱

となります。

例題
7

電熱器により、60kgの水の温度を20K上昇させるのに必要な
電力量[kW・h]は。
ただし、水の比熱は4.2kJ/(kg・K)とし、熱効率は100%とする。

（2019年度上期 問い3）

解説・解答

　60kgの水を20K（ケルビン）上昇させるのに必要なエネルギー（熱量）は、水の質量と上昇させる温度と比熱（設問では4.2kJ/(kg・K)と出ています）からもとめられます。

　熱量$H = 60 \times 20 \times 4.2 = 5\,040$ [kJ]

　熱量[kJ]を電力量[kW・h]に換算する式は、

　電力量$= \dfrac{熱量}{3\,600}$ [kW・h]

　式に入れて計算すると、

$$\frac{5\,040}{3\,600} = 1.4 \ [\text{kW·h}]$$

必要な電力量は1.4kW·hになります。

答え **1.4**

K（ケルビン）は、温度の単位で、摂氏（℃）に273.15を足したもの。摂氏と同じように計算できます！

レッツ・トライ！

練習問題⑤ 消費電力が400Wの電熱器を1時間20分使用した時の発熱量[kJ]は。

(令和3年度上期 午後 問い3)

練習問題⑥ 電線の接続不良により、接続点の接触抵抗が0.2Ωとなった。この電線に15Aの電流が流れると、接続点から1時間に発生する熱量[kJ]は。
ただし、接触抵抗の値は変化しないものとする。

(令和2年度下期 午前 問い3)

解答

練習問題⑤ **1 920**

次の式のとおりです。

$H = 3\,600 \times 400 \times (4/3) \times 10^{-3} = 1\,920 \ [\text{kJ}]$

練習問題⑥ **162**

接続点の電力量は、電流 I^2 ×抵抗 R ×時間 t [W·h]なので、

$15^2 \times 0.2 \times 1 = 45 \ [\text{W·h}]$

電力量を熱量に変換すると、

$3\,600 \times 45 = 162\,000 \ [\text{J}] = 162 \ [\text{kJ}] \ (1\,000 \ [\text{J}] = 1 \ [\text{kJ}])$

05 交流回路

交流回路の基本とコイルのある回路、
コイルと抵抗を合成する「合成インピーダンス」を学びます

交流回路とは…

　交流回路とは、交流の電気が流れる回路
です。交流回路にかかる正弦波交流の電圧
は図のように、周期的に変化しています。

　なお交流回路では、直流に変換したとき
に同じエネルギー消費になる「実効値」とい
う値が使われます。実効値と最大値の関係
は次の式のようになります。

$$実効値 = \frac{最大値}{\sqrt{2}}$$

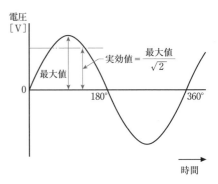

試験での交流は、正弦波交流を表します。

> ### 例題 8
> **最大値が148Vの正弦波交流電圧の実効値［V］は。**
>
> （平成26年度上期 問い1）

解説・解答

　正弦波交流電圧の実効値を与えられた最大値からもとめると、

$$\frac{148}{\sqrt{2}} = \frac{148}{1.41} \fallingdotseq 105 \ [V]$$

　正弦波交流電圧の実効値は105Vになります。

答え 105

L (コイル) 回路

コイルのある回路では、図のように電圧の波形に比べて電流の波形が遅れます。1サイクルを360°とすると、90°遅れることになります。

コイルの電気が流れるのを妨げる抵抗的な値を誘導性リアクタンスといいます。記号はX_L、単位はΩになります。誘導性リアクタンスは、周波数（1秒当たりのサイクル数、50Hzは1秒間に50サイクル)に比例します。誘導性リアクタンスの式は次のとおりです。

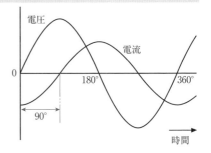

誘導性リアクタンス$X_L = 2 \times \pi \times$周波数$f \times$自己インダクタンス$L$

コイル単体では、誘導性リアクタンスをオームの法則の抵抗のように扱うことができます。

電圧$V = $電流$I \times$誘導性リアクタンス$X_L$（コイル単体の場合)

例題 9

コイルに100V、50Hzの交流電圧を加えたら6Aの電流が流れた。このコイルに100V、60Hzの交流電圧を加えたときに流れる電流[A]は。
ただし、コイルの抵抗は無視できるものとする。

（令和4年度上期 午後 問い4）

解説・解答

設問のコイルは100V、50Hzの交流電圧を加えて、6Aが流れたので、このときのコイルの誘導性リアクタンス(X_{L50})は、

$$X_{L50} = \frac{電流 V}{電流 I_{50}} = \frac{100}{6} \ [\Omega]$$

交流電圧が50Hzから60Hzになると、誘導性リアクタンス(X_{L60})は60/50になります。

$$X_{L60} = X_{L50} \times \frac{60}{50} = \frac{100}{6} \times \frac{60}{50} = 20 \ [\Omega]$$

よって流れる電流(I_{60})は、

$$I_{60} = \frac{V}{X_{L60}} = \frac{100}{20} = 5 \ [A]$$

答え 5

合成インピーダンス

直列に接続された抵抗と誘導性リアクタンスは、抵抗同士のようにそのまま足し算することはできません。**合成インピーダンスとして合成する**ことにより、交流回路の計算に使うことができるようになります。

合成インピーダンス$Z = \sqrt{抵抗R^2 + 誘導性リアクタンスX_L{}^2}$

合成インピーダンスも回路上でオームの法則の抵抗のように扱うことができます。

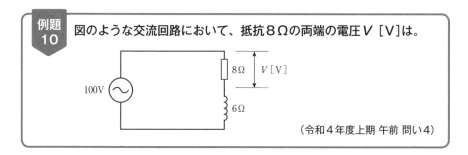

例題 10 図のような交流回路において、抵抗8Ωの両端の電圧 *V* [V]は。

（令和4年度上期 午前 問い4）

解説・解答

コイルに流れる電流をもとめるため、直列に接続された抵抗Rと誘導性リアクタンスX_Lの合成インピーダンスZをもとめます。

$$合成インピーダンスZ = \sqrt{抵抗R^2 + 誘導性リアクタンスX_L{}^2}$$
$$= \sqrt{8^2 + 6^2} = 10 \ [\Omega]$$

次に合成インピーダンスZと回路の電圧Vから、抵抗に流れる電流Iをもとめます。

$$I = \frac{V}{Z} = \frac{100}{10} = 10 \ [A]$$

最後に、抵抗Rと電流Iから抵抗にかかる電圧をもとめます。

$$V = I \times R = 10 \times 8 = 80 \ [V]$$

抵抗にかかる電圧は80Vになります。

答え 80

ワンポイント

抵抗と誘導性リアクタンスを<u>そのまま足さない</u>ようにしましょう。

8と6を合成する（$\sqrt{8^2+6^2}$）と10になることを知っておくと素早く解くことができます！

レッツ・トライ！

練習問題⑦ 実効値が105Vの正弦波交流電圧の最大値[V]は。

（平成22年度 問い2）

練習問題⑧ 図のような交流回路において、抵抗12Ωの両端の電圧 V [V]は。

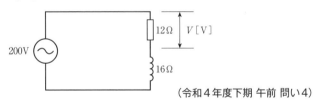

（令和4年度下期 午前 問い4）

解答

練習問題⑦ **148**

次の式のとおりです。

$105 \times \sqrt{2} = 148$ [V]

練習問題⑧ **120**

合成インピーダンスをもとめ（$\sqrt{12^2+16^2}=20$ [Ω]）、そこから流れる電流を求めて（$\dfrac{200}{20}=10$ [A]）、その電流から12Ωの抵抗にかかる電圧をもとめます（$10 \times 12 = 120$ [V]）。

06 交流電力

交流電力における電力と力率、
さらに力率の改善方法と消費電力のもとめ方を学びます

交流電力の種類

交流の電力には次の3種類があります。

①有効電力

抵抗負荷において仕事をするエネルギーとして消費される電力で、消費電力または電力と呼ばれるものです。

有効電力P＝電圧V×電流I×力率$\cos\theta$＝I^2×抵抗R［W］

②皮相電力

見かけの電力です。

皮相電力S＝電圧V×電流I［V・A（ボルトアンペア）］

③無効電力

コイルなどで失われる、仕事をするエネルギーにはならない電力です。

無効電力Q＝電圧V×電流I×無効率$\sin\theta$［var（バール）］

力率

力率は皮相電力に対して仕事をするエネルギーを消費する電力（有効電力）がどの程度あるかの割合を示したものです。さらに負荷の合成インピーダンスに対する抵抗の割合でもあります。

$$力率\cos\theta=\frac{有効電力P}{皮相電力S}\times100=\frac{抵抗R}{合成インピーダンスZ}\times100\ ［\%］$$

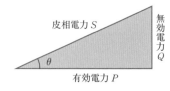

$$\cos\theta=\frac{P}{S}\times100\ ［\%］$$

例題 11 図のような交流回路で、電源電圧102V、抵抗の両端の電圧が90V、リアクタンスの両端の電圧が48Vであるとき、負荷の力率[%]は。

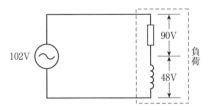

（平成28年度下期 問い4）

解説・解答

有効電力Pは、負荷の抵抗の消費電力なので、負荷の抵抗にかかる電圧V_Rと負荷に流れる電流Iでもとめられます。

$$P = V_R \times I = 90I$$

皮相電力Sは電源の電圧Vと回路に流れる電流Iでもとめられます。

$$S = V \times I = 102I$$

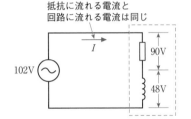

抵抗に流れる電流と回路に流れる電流は同じ

なお回路に流れる電流Iは、図のように負荷に流れる電流と同じです。

これらの式を力率の式に入れると、

$$\cos \theta = \frac{P}{S} = \frac{90I}{102I} \times 100 \fallingdotseq 88\ [\%]$$

負荷の力率は88%になります。

答え 88

力率の改善と進相コンデンサ

コンデンサは、交流電圧をかけるとコイルと逆に90°の進み電流になります。コンデンサを並列に接続することにより、**コイルの遅れ電流を打ち消して、力率を改善する**ことができます。力率が改善された場合、遅れ電流を打ち消した分、全体の電流は減少します。

例題 12 図のような交流回路で、負荷に対してコンデンサCを設置して、力率を100％に改善した。このときの電流計の指示値は。

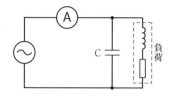

イ. 零になる。

ロ. コンデンサ設置前と比べて変化しない。

ハ. コンデンサ設置前と比べて増加する。

ニ. コンデンサ設置前と比べて減少する。

（平成29年度上期 問い4）

解説・解答

コンデンサCの設置で力率が100％に改善したので、負荷の遅れ電流がコンデンサの進み電流によって打ち消され、線路電流が減少します。

そのため、電流計の指示値はコンデンサ設置前と比べて減少します。

答え ニ

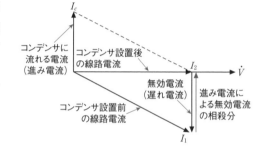

コンデンサを設置して力率が改善されると、その分電流は減少します。

消費電力のもとめ方

消費電力は、先ほど出てきた有効電力と同じです。よって次のような式になります。

消費電力 $P = $ 電圧 $V \times$ 電流 $I \times$ 力率 $\cos \theta = I^2 \times$ 抵抗 R ［W］

この式を変換すれば、電流や電圧などの未知の値をもとめることもできます。

・電流 I をもとめる式

$$I = \frac{P}{V \times \cos \theta} \ [\text{A}]$$

・電圧 V をもとめる式

$$V = \frac{P}{I \times \cos \theta} \ [\text{V}]$$

例題 13

単相200Vの回路に、消費電力2.0kW、力率80%の負荷を接続した場合、回路に流れる電流[A]は。

（令和3年度下期 午後 問い4）

解説・解答

消費電力Pの式は、

$P = $ 電圧$V \times$ 電流$I \times$ 力率$\cos \theta$

となります。

この式を、電流をもとめる式に変換すると、

$$I = \frac{P}{V \times \cos \theta} \ [\text{A}]$$

この式に、与えられた数値を入れてみると（2.0kW＝2 000W）、

$$\frac{2\,000}{200 \times 0.8} = 12.5 \ [\text{A}]$$

回路に流れる電流は、12.5Aになります。

答え 12.5

レッツ・トライ！

練習問題⑨ 図のような回路で、抵抗Rに流れる電流が4A、リアクタンスXに流れる電流が3Aであるとき、この回路の消費電力[W]は。

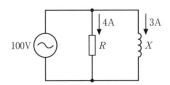

（平成24年度上期 問い2）

解答

練習問題⑨ 400

抵抗で消費される電力ですので、$100 \times 4 = 400$ [W]になります。

07 三相交流回路

三相交流回路の特徴と結線の種類、
さらに三相交流の電力と断線した場合の考え方を学びます

三相交流とは…

三相交流とは、120°ずつずれた単相正弦波交流を三つ組み合わせたもので、送電や大型の電動機に使われます。波形は図のようになります。

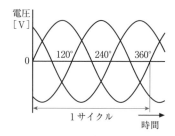

三相結線

三相交流回路には、Y（スター）結線と△（デルタ）結線の2つの結線方法があります。

①Y結線

Y結線は図のような結線です。

電源の線間の電圧を表す「線間電圧」と負荷の一相にかかる電圧「相電圧」が異なります。

式は以下のとおりです。

$$相電圧 E = \frac{線間電圧 V}{\sqrt{3}}$$

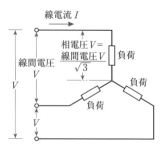

②△結線

△結線は図のような結線です。

電源から流れる電流を表す「線電流」と負荷の一相に流れる電流「相電流」が異なります。

式は以下のとおりです。

$$相電流 I_s = \frac{線電流 I}{\sqrt{3}}$$

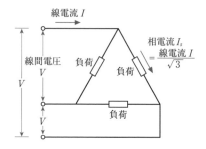

例題 14 図のような三相3線式回路に流れる電流 *I* [A]は。

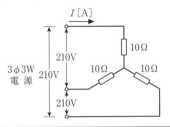

（2019年度下期 問い5）

解説・解答

　図に示された三相3線式回路のY結線の一相当たりの電圧（相電圧は）、

$$相電圧 = \frac{線間電圧}{\sqrt{3}}$$

になります。

　電流 *I* は 10 Ωの抵抗に流れるので、相電圧 *E* でもとめられます。

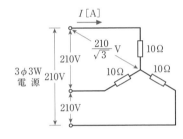

$$I = \frac{E}{R} = \frac{\frac{210}{\sqrt{3}}}{10} = \frac{21}{\sqrt{3}} \fallingdotseq 12.1 \ [A]$$

　回路に流れる電流 *I* は、約12.1Aになります。

答え 12.1

三相交流における電力

　三相交流回路の全消費電力は、Y結線でも△結線でも以下の式になります。

　　三相電力 $P = \sqrt{3} \times$ 線間電圧 $V \times$ 線電流 $I \times$ 力率 $\cos \theta$

　一相当たりの電力に対しては、

　　三相電力 $P = 3 \times$ 一相当たりの電力 $P_s = 3 \times$ 相電流 $I_s^2 \times$ 一相の抵抗 R

第1章 電気に関する基礎理論

43

例題 15

図のような三相３線式回路の全消費電力[kW]は。

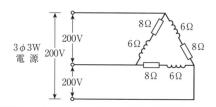

３φ３W 電源

200V 200V 200V 200V

8Ω 6Ω 6Ω 8Ω 8Ω 6Ω

（令和４年度上期 午後 問い5）

解説・解答

　一相当たりのインピーダンスZ[Ω]を、抵抗と誘導性リアクタンスからもとめます。

　インピーダンスZをもとめる式は、

$$インピーダンスZ = \sqrt{抵抗R^2 + 誘導性リアクタンスX^2}$$

図の数値を入れると、

$$\sqrt{8^2 + 6^2} = 10 \ [Ω]$$

このインピーダンスと電圧を使って、抵抗に流れる相電流Iをもとめると、

$$相電流 I = \frac{電圧V}{インピーダンスZ} = \frac{200}{10} = 20 \ [A]$$

インピーダンスを求める

抵抗に流れる相電流

6Ω 8Ω

I[A]

　最後に、相電流と抵抗の値から全消費電力をもとめます。全消費電力は一相当たりの消費電力(I^2R)の３倍になります。

$$3 \times I^2 \times R \times 10^{-3} = 3 \times 20^2 \times 8 \times 10^{-3} = 9.6 \ [kW] \quad (10^{-3}はWからkWに変換$$
するもの)

　この回路の全消費電力は9.6kWになります。

答え 9.6

三相交流回路が断線した場合

　三相交流回路で一相が断線した場合、単相交流回路と同じように扱うことができます。

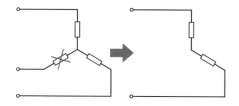

例題 16

図のような三相３線式200Vの回路で、c－o間の抵抗が断線した。断線前と断線後のa－o間の電圧Vの値［V］の組合せとして、正しいものは。

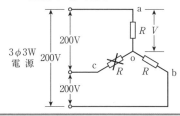

イ. 断線前116 断線後116

ロ. 断線前116 断線後100

ハ. 断線前100 断線後116

ニ. 断線前100 断線後100

（令和３年度上期 午前 問い5）

解説・解答

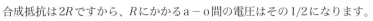

a－o間の電圧は「相電圧」になります。相電圧Eを電源の電圧（線間電圧）Vからもとめると、

$$E = V/\sqrt{3} = 200/1.73 ≒ 116 \,[V]$$

断線後の回路は図のようになります。

合成抵抗は$2R$ですから、Rにかかるa－o間の電圧はその1/2になります。

$$200/2 = 100 \,[V]$$

答え ロ

練習問題⑩ 図のような三相負荷に三相交流電圧を加えたとき、各線に20Aの電流が流れた。線間電圧E［V］は。

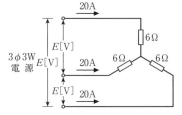

（令和３年度下期 午前 問い5）

解答

練習問題⑩ 208

相電圧（$20 × 6 = 120\,[V]$）から線間電圧（$120 × \sqrt{3} = 208\,[V]$）をもとめます。

「計算問題」は学習しなくてもいいの？

　ときどき、「計算問題なんて勉強しなくても合格できる！」といったような電気工事士学科試験の解説を、インターネットなどで見かけることがあります。

　確かに、学科試験に合格するには60％の問題を正答できればよいので、全体の問題の中で2割に満たない計算問題をすべて落としても、何とかなるかもしれません。また、4択問題ですので、勘にたよっても4問中1問くらいは正答できそうです。

　ですので、理屈の上では計算問題を全く学習しなくても合格できないわけではありません。

●電気を知ることは「電気の数字」を知ること

　ただ、「電気」というものは目に見えないものであるため、電気に関係する技術者はすべて、電気を数字として把握する必要があります。

　例えば、あるコンセントの電圧を測っていて、そのコンセントの電圧が低い場合、どのような現象が起きているのかきちんと理解していないと、電気工事士としての知識は不十分と言えるでしょう。

　また、回路の漏電（地絡）の原因を調べる時なども、調べている測定器に表示された数字が、いったい何を意味しているかをきちんと知っておく必要があります。

　このように、実際に電気工事に携わる時には、電気工事が原因で起きる事故を防ぐためにも、電気に関する数字の最低限の理解が必要になってきます。それらの理解のベースとして計算問題は、実は重要なのです。

●わかる範囲の計算問題はできるだけ把握しておこう！

　読者の皆さんには、計算が苦手な方もおられるでしょうし、すべての計算問題を完全に覚えるのは難しいかもしれませんが、ちょっと頑張れば解けそうな問題には一つでも多くトライしてみるのがよいと思います。

　特に、「合成抵抗」「直流回路」「電圧降下」などの問題は、最低限押さえておくとよいでしょう。

第2章

配電理論および配電設計

この章では、配電理論と配電設計を学びます。低圧の配電に使われる、単相2線式回路、単相3線式回路、三相3線式回路の電圧降下と電力損失について解説します。

また、電線の太さによる許容電流のもとめ方、屋内幹線の許容電流のもとめ方、分岐回路の配線用遮断器の容量、電線の太さ、コンセントの選定、漏電遮断器の施設の省略の条件を見ていきます！

01 単相2線式回路

単相2線式回路の電圧降下と、
分岐回路での電圧降下のもとめ方を学びます

電圧降下とは…

電線には、負荷ほどではないですが、抵抗があります。電線の長さが長くなればなるほど、抵抗が大きくなり、電源の電圧と比較して負荷側の電圧が下がります。この下がった分の電圧を「電圧降下」といいます。

電圧降下は、電源の電圧（送電端電圧）から負荷側の電圧（受電端電圧）を引いた値になります。

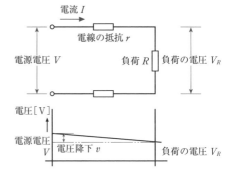

電圧降下 v ＝送電端電圧 V －受電端電圧 V_R

単相2線式回路の電圧降下

単相2線式回路の電圧降下の式は以下のとおりです。

電圧降下 v ＝2×電流 I ×電線1本当たりの抵抗 r

また、1 000m当たりの電気抵抗で示された場合、1m当たりの抵抗に変換し、長さをかけて、電線1本当たりの抵抗 r をもとめます。

電線1本当たりの抵抗 r ＝（1 000m当たりの電気抵抗 r_0 /1 000）×長さ l

例題 1

図のように、電線のこう長8mの配線により、消費電力2 000Wの抵抗負荷に電力を供給した結果、負荷の両端の電圧は100Vであった。配線における電圧降下［V］は。
ただし、電線の電気抵抗は長さ1 000m当たり5.0Ωとする。

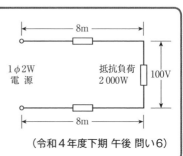

（令和4年度下期 午後 問い6）

48

解説・解答

まず、電線に流れる電流 I を消費電力 P と電圧 V からもとめます。

$$I = \frac{P}{V} = \frac{2\,000}{100} = 20 \ [\text{A}]$$

次に電線の電気抵抗 r をもとめます。長さが8mで1 000m当たり5.0 Ωなので、

$$r = 8 \times \frac{5.0}{1\,000} = 0.04 \ [\Omega]$$

よってこの配線における、電圧降下 v [V] は、

$$v = 2Ir = 2 \times 20 \times 0.04 \fallingdotseq 1.6 \ [\text{V}]$$

約1.6Vになります。

答え 1.6

ワンポイント

単相2線式回路の電圧降下は他の回路の電圧降下の基本になります。

複数の負荷が分岐して接続されている回路の電圧降下

複数の負荷が分岐して接続されている場合、それぞれ流れる電流から、各区分で電圧降下をもとめ合成します。図を使って説明します。

b－c間とb′－c′間の電圧降下は次の式です。

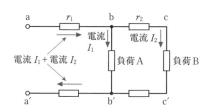

$$v_{\text{bc}} = 2 \times r_2 \times I_2$$

a－b間とa′－b′間には、電流 I_1 と電流 I_2 が合成した電流が流れます。したがって、電圧降下は、

$$v_{\text{ab}} = 2 \times r_1 \times (I_1 + I_2)$$

a－c間とa′－c′間の電圧降下 v は、これらの電圧降下を合成したものになります。

$$v = 2 \times r_1 \times (I_1 + I_2) + 2 \times r_2 \times I_2$$

なお、負荷側電圧から電源電圧をもとめる場合は、負荷側電圧に電圧降下を加えるともとめられます。

電源電圧（送電端電圧）V＝負荷側電圧（受電端電圧）V_R＋電圧降下 v

例題 2
図のような単相2線式回路において、c－c′間の電圧が100Vのとき、a－a′間の電圧 [V] は。
ただし、rは電線の電気抵抗 [Ω] とする。

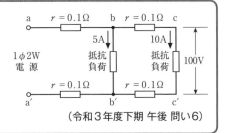

（令和3年度下期 午後 問い6）

解説・解答

c－c′間の電圧に、各電線の電圧降下を足していきます。

まず、a－b間、a′－b′間を流れる電流は、bで分岐した電流の合計です。

$5 + 10 = 15 \text{ [A]}$

a－b間とa′－b′間の電圧降下 v_{ab} は、

$v_{ab} = 2 \times 電流 I_{ab} \times 電線の電気抵抗 r = 2 \times 15 \times 0.1 = 3 \text{ [V]}$

b－c間とb′－c′間の電圧降下 v_{bc} は、

$v_{bc} = 2 \times 電流 I_{bc} \times 電線の電気抵抗 r = 2 \times 10 \times 0.1 = 2 \text{ [V]}$

c－c′間の電圧に、各電圧降下の値を足していくと、

$100 + 3 + 2 = 105 \text{ [V]}$

a－a′間の電圧は105Vになります。

答え 105

電圧降下はひんぱんに出題される問題の1つですので、しっかり覚えておきましょう！

💡 **ワンポイント**

どの電線にどのような電流が流れるかを意識して電圧降下をもとめましょう。

レッツ・トライ!

練習問題❶ 図のように、電線のこう長
12mの配線により、消費
電力1600Wの抵抗負荷に
電力を供給した結果、負荷
の両端の電圧は100Vで
あった。配線における電圧
降下 [V] は。

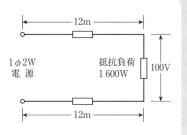

ただし、電線の電気抵抗は長さ1000m当たり5.0Ωと
する。

（令和2年度下期 午後 問い6）

練習問題❷ 図のような単相2
線式回路において、
d－d′間の電圧が
100Vのときa－
a′間の電圧 [V]
は。

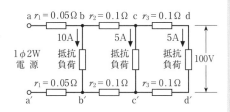

ただし、r_1、r_2及びr_3は電線の電気抵抗 [Ω] とする。

（令和3年度下期 午前 問い6）

解答

練習問題❶ 2

　まず、電線に流れる電流を消費電力と電圧からもとめます（1 600/100＝16
[A]）。電圧降下は、2×16×｛12×（5.0/1 000）｝≒2 [V]

練習問題❷ 105

　まず、a－b間、a′－b′間を流れる電流をもとめ（10＋5＋5＝20 [A]）、a－
b間、a′－b′間の電圧降下をもとめ（2×20×0.05＝2 [V]）、b－c間、b′－c′
間を流れる電流をもとめ（5＋5＝10 [A]）、b－c間、b′－c′間の電圧降下をも
とめ（2×10×0.1＝2 [V]）、c－d間、c′－d′間の電圧降下をもとめ（2×5×
0.1＝1 [V]）、d－d′間の電圧に、各電圧降下の値を加えます（100＋2＋2＋1
＝105 [V]）。

02 単相3線式回路

単相3線式回路の特徴と平衡負荷について、
また、単相3線式回路での電圧降下と電力損失を学びます

単相3線式回路とは…

単相3線式回路は中性線（接地側電線）と対
地電圧100Vの2本の電線（非接地側電線）を
使って、100V回路と200V回路を取り出す
ことのできる回路です。

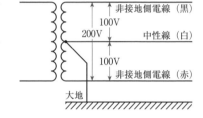

中性線と平衡負荷

外側の両非接地側電線に流れる電流
が同じ場合、中性線には電流が流れま
せん。

また、両非接地側電線と中性線に接
続されている負荷の抵抗値が同じ場合
も、中性線には電流が流れません。

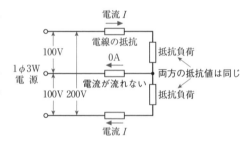

単相3線式回路の電圧降下

平衡負荷の場合、中性線には電流が流れません。そのため中性線の電圧降下は生じま
せん。外側の非接地側電線1本と中性線の電圧降下は、次の式になります。

電圧降下 v ＝電流 I ×電線の抵抗 r

ワンポイント

電流が流れない電線には、電圧降下が起きません。

例題3	図のような単相3線式回路において、電線1線当たりの抵抗が0.1Ωのとき、a−b間の電圧 [V] は。

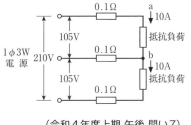

（令和4年度上期 午後 問い7）

解説・解答

　同じ電圧がかかる、2つの抵抗には10Aと同じ値の電流が流れています。したがって、この抵抗負荷の値は同じで、平衡負荷になっており、中性線には電流が流れていません。

　そのため、a−b間の電圧 V_{ab} は電源の電圧 V から1線の電圧降下 v を引けばよいことになります。

　　$v = $ 電流 $I \times$ 電線1線当たりの抵抗 $r = 10 \times 0.1 = 1$ [V]

　　$V_{ab} = V - v = 105 - 1 = 104$ [V]

　a−b間の電圧は、104Vになります。

答え 104

 ワンポイント

中性線に電流が流れているか、必ず確認しましょう！

電力損失とは…

電線に電流が流れると、**電線の抵抗によって電力損失が発生**します。

電力損失の式は以下のとおりです。

　電力損失 $w = $ 電線の本数 $\times$ 電流 $I^2 \times$ 電線1本当たりの抵抗 r

平衡負荷が接続された単相3線式回路の場合、中性線には電流が流れないので、電線の本数は2本となり、次の式になります。

　$w = 2I^2 r$

例題 4

図のような単相3線式回路で、電線1線当たりの抵抗が0.1Ω、抵抗負荷に流れる電流がともに20Aのとき、この電線路の電力損失［W］は。

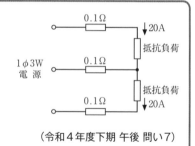

（令和4年度下期 午後 問い7）

解説・解答

この単相3線式回路では、中性線を挟んだ両方の電線に同じ電流が流れているので抵抗負荷が平衡しており、中性線には電流が流れていないことがわかります。

そのため、電力損失は中性線を除いた2線をもとめればよいことになります。2線とも同一の電線抵抗、電流なので、

2線×1線当たりの電力損失＝2×電流 I^2 ×電線の抵抗 r ＝ $2 \times 20^2 \times 0.1$

$$= 80 \ [\text{W}]$$

この電線路の電力損失は、80Wになります。

答え 80

電圧降下と電力損失はしっかりと区別しておきましょう！

中性線が断線した場合

中性線が断線した場合、単相回路のようになります。また、接続されたそれぞれの負荷の抵抗値が異なり、平衡負荷ではない場合、負荷にかかる電圧は、直列接続のときと同じように、抵抗の値に比例して案分されます。

例えば、100/200Vの単相3線式回路の中性線が断線した場合、図のようになります。（電圧降下を無視した場合）

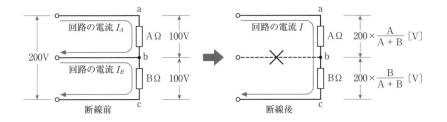

例題 5

図のような単相3線式回路において、消費電力1000W、200Wの2つの負荷はともに抵抗負荷である。図中の×印点で断線した場合、a−b間の電圧[V]は。

ただし、断線によって負荷の抵抗値は変化しないものとする。

（令和4年度上期 午前 問い7）

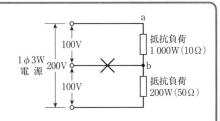

解説・解答

単相3線式回路ですが、中性線が断線したため、200Vの単相2線式回路と同じようになります。

まず、回路の電流 I をもとめます。

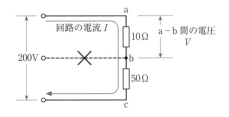

$$I = \frac{電源の電圧}{回路の合成抵抗} = \frac{200}{10+50}$$

$$= \frac{200}{60} = \frac{10}{3}\ [\text{A}]$$

回路の電流 I と10Ωの抵抗の値から、a−b間の電圧をもとめます。

$$V = \frac{10}{3} \times 10 \fallingdotseq 33\ [\text{V}]$$

a−b間の電圧は33Vになります。

答え 33

負荷が不平衡な場合

負荷が不平衡な場合、中性線にも電流が流れます。電圧降下については、右の図のように時計回りに流れる電流をプラス、反時計回りをマイナスと考えて計算します。

具体的に、次の例題で電圧降下の求め方を見てみましょう。

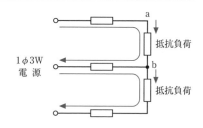

例題 6

図のような単相3線式回路において、電線1線当たりの抵抗が0.1Ωのとき、a−b間の電圧［V］は。

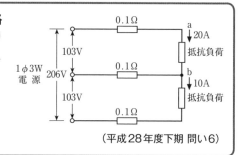

（平成28年度下期 問い6）

解説・解答

設問の単相3線式回路は相の抵抗負荷に流れる電流が異なるため、平衡負荷にはなっておらず、中性線にも電流が流れます。電圧降下については、次の図のように時計回りに流れる電流をプラス、反時計回りをマイナスと考えて計算します。

中性線に流れる電流は、a−b間の抵抗を流れる20Aの電流から、bから下の抵抗に流れる10Aの電流を引くことによってもとめられます。また電流の方向は、a−b間の抵抗を流れる電流のほうが大きいので、左方向に流れています。

設問では、もとめるべき値はa−b間

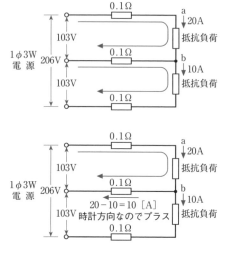

の電圧なので、上の回路の電圧降下をもとめればよいことになります。そうすると、中性線の電圧降下をもとめる電流の値はプラスで計算できます。計算すると、

$$v = 20 \times 0.1 + 10 \times 0.1 = 3 \,[V]$$

電源の電圧から電圧降下を引くと、

　$103 - 3 = 100$ ［V］

a－b間の電圧は100Vになります。

ワンポイント

電流の流れる向きによって、プラスかマイナスか異なるので注意が必要です。

レッツ・トライ!

練習問題❸　図のような単相3線式回路において、電線1線当たりの抵抗が0.05Ωのとき、a－b間の電圧［V］は。

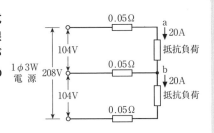

（令和3年度下期 午前 問い7）

練習問題❹　図のような単相3線式回路において、消費電力100W、200Wの2つの負荷はともに抵抗負荷である。図中の×印点で断線した場合、a－b間の電圧［V］は。
ただし、断線によって負荷の抵抗値は変化しないものとする。

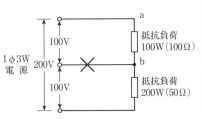

（令和3年度上期 午後 問い7）

解答

練習問題❸ 103

　電源の電圧から1線の電圧降下を引きます ｛$104 - (0.05 \times 20) = 103$ ［V］｝。

練習問題❹ 133

　回路の電流をもとめ ｛$200 / (100 + 50) \fallingdotseq 1.33$ ［A］｝、電流と100Ωの抵抗の値から、a－b間の電圧をもとめます（$100 \times 1.33 = 133$ ［V］）。

03 三相3線式回路

三相3線式回路の特徴について、
また、三相3線式回路での電圧降下と電力損失を学びます

三相3線式回路の電圧降下

三相3線式回路の電圧降下をもとめる式は、以下のとおりです。

電圧降下 $v = \sqrt{3} \times$ 電流 $I \times 1$ 線当たりの電線の抵抗 r

> **例題 7**
> 図のような三相3線式回路で、電線1線当たりの抵抗が0.15Ω、線電流が10Aのとき、電圧降下（$V_s - V_r$）[V] は。
>
>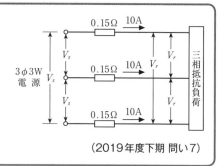
>
> （2019年度下期 問い7）

解説・解答

三相3線式回路の電圧降下（$V_s - V_r$）は、一相当たりの電圧降下に $\sqrt{3}$ を掛けてもとめます。

一相当たりの電圧降下は、線電流 $I \times$ 電線1線当たりの抵抗 r ですので、

$$\sqrt{3} \times 10 \times 0.15 = 2.595 \ [\text{V}]$$

この回路の電圧降下（$V_s - V_r$）は約2.6Vになります。

答え 2.6

三相3線式回路の電力損失

三相3線式回路の電力損失の式は、以下のとおりです。

電力損失 $w = 3 \times$ 電流 $I^2 \times 1$ 線当たりの電線の抵抗 r

例題 8

図のような三相3線式回路で、電線1線当たりの抵抗値が0.15Ω、線電流が10Aのとき、この電線路の電力損失 [W] は。

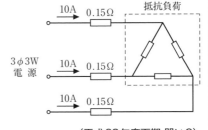

(平成28年度下期 問い8)

解説・解答

三相3線式回路の電力損失は、1線当たりの電力損失の3倍になります。

$3 \times$ 線電流 $I^2 \times$ 電線1線当たりの抵抗 $r = 3 \times 10^2 \times 0.15 = 45$ [W]

この電線路の電力損失は、45Wになります。

答え 45

レッツ・トライ!

練習問題❺ 図のような三相3線式回路で、電線1線当たりの抵抗が r [Ω]、線電流が I [A] であるとき、電圧降下 $(V_1 - V_2)$ [V] を示す式は。

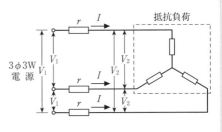

イ. $\sqrt{3} I^2 r$　　ロ. $\sqrt{3} Ir$　　ハ. $2Ir$　　ニ. $2\sqrt{3} Ir$

(平成23年度下期 問い8)

解答

練習問題❺ ロ

三相3線式回路の電圧降下は一相当たりの $\sqrt{3}$ 倍です。

第2章 配電理論および配電設計

04 電線の太さ

電線の太さと許容電流について、また、条件によって補正する
電流減少係数を使った許容電流のもとめ方について学びます

電線の許容電流

「許容電流」とは、電線を連続して使用し
た際に、電線の絶縁被覆に著しい劣化をきた
さない限界電流のことです。

単線	許容電流	より線	許容電流
1.6mm	27A	5.5mm^2	49A
2.0mm	35A	8mm^2	61A
2.6mm	48A	14mm^2	88A
3.2mm	62A	22mm^2	115A

表に示すように、電線の太さによって許容
電流は決まっています。電線を選定する際、
負荷電流以上の許容電流の電線を選ばなければなりません。

電流減少係数

電線管に電線を入れたり、ケーブルで配線したりする場合
は、前の表の許容電流に**電流減少係数**（右の表）を掛けたも
のが、その電線の許容電流になります。小数点1位を7捨8入
することになっています。

同一管路 の電線数	電流減少 係　　数
3 本以下	0.70
4 本	0.63
5、6 本	0.56
7 本以上 15 本以下	0.49

　　許容電流＝電線の許容電流×電流減少係数

ワンポイント

**1.6mm（27A）からの表から見た許容電流の差は8（2.0mm35A）、13
（2.6mm48A）、14（3.2mm62A）となっているので覚えておきましょう。**

例題9　金属管による低圧屋内配線工事で、管内に直径2.0mmの600V
ビニル絶縁電線（軟銅線）5本を収めて施設した場合、電線1本
当たりの許容電流［A］は。
ただし、周囲温度は30℃以下、電流減少係数は0.56とする。

（令和4年度下期 午後 問い8）

解説・解答

　2.0mmの許容電流は35Aですが、金属管に収めて施設するため、電流減少係数を掛けなければなりません。与えられた電流減少係数は0.56なので、

　　$35 \times 0.56 = 19.6$［A］

　小数点以下1位は7捨8入するので、19Aです。よって電線1本当たりの許容電流は19Aになります。

答え **19**

 レッツ・トライ！

練習問題⑥ 金属管による低圧屋内配線工事で、管内に直径1.6mmの600Vビニル絶縁電線（軟銅線）6本を収めて施設した場合、電線1本当たりの許容電流［A］は。
ただし、周囲温度は30℃以下、電流減少係数は0.56とする。

（令和3年度上期 午後 問い8）

練習問題⑦ 低圧屋内配線工事で、600Vビニル絶縁電線を合成樹脂管に収めて使用する場合、その電線の許容電流を求めるための電流減少係数に関して、同一管内の電線数と電線の電流減少係数との組合せで、誤っているものは。
ただし、周囲温度は30℃以下とする。

イ．2本 0.80　　　　ロ．4本 0.63
ハ．5本 0.56　　　　ニ．7本 0.49

（令和3年度上期 午後 問い23）

解答

練習問題⑥ 15
　1.6mmの許容電流は27Aなので、電流減少係数を掛けると、$27 \times 0.56 \fallingdotseq 15$A となります。

練習問題⑦ イ
　2本の電流減少係数は0.70です。

05 屋内幹線の施設

負荷の定格電流と需要率を使った幹線の許容電流のもとめ方と
電動機などの負荷のある場合の補正の仕方について学びます

需要率と幹線の許容電流

需要率とは、その設備の容量を分母にした最大需要電力の割合です。

最大需要電力＝需要設備容量×需要率

屋内幹線の太さをもとめるときに使う**許容電流**は、**定格電流の合計に需要率を掛けた**値になります。

許容電流＝負荷の定格電流の合計×需要率

電動機などの負荷のある幹線の許容電流

ただし、電動機など始動電流の大きい負荷の定格電流の合計が他の負荷の定格電流の合計より多い場合は、電動機などの定格電流の合計に次の補正をしなければなりません。この場合、

①電動機などの定格電流の合計が50A以下⇒1.25倍にする。

②電動機などの定格電流の合計が50Aを超える⇒1.1倍にする。

 ワンポイント

負荷に電動機があると補正が必要になります！

例題
10

定格電流12Aの電動機5台が接続された単相2線式の低圧屋内幹線がある。この幹線の太さを決定するための根拠となる電流の最小値［A］は。
ただし、需要率は80％とする。

(令和4年度上期 午前 問い9)

 解説・解答

設問では、12Aの三相電動機が5台で、需要率が80％なので、

$(12 \times 5) \times 0.8 = 48$［A］

と、50A以下になります。そのため、電動機の定格電流の合計を1.25倍にします。

$(12 \times 5) \times 0.8 \times 1.25 = 60$ ［A］

幹線の太さを決める根拠となる電流の最小値は、60Aになります。

答え 60

> **例題 11**
>
> 図のように、三相の電動機と電熱器が低圧屋内幹線に接続されている場合、幹線の太さを決める根拠となる電流の最小値［A］は。
> ただし、需要率は100%とする。
>
>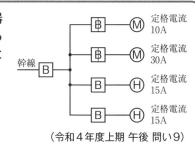
>
> （令和4年度上期 午後 問い9）

解説・解答

設問の低圧屋内幹線に接続された負荷は10Aの電動機1台と30Aの電動機1台、15Aの電熱器2台で電動機のほうが大きいです。さらに、電動機の定格電流の合計は、

$10 + 30 = 40$ ［A］

50A以下になり1.25倍にしなければなりません。それで幹線の太さを決定する根拠となる電流の最小値をもとめると、

$(40 \times 1.25) + 30 = 80$ ［A］

よって、幹線の太さを決定する根拠となる電流の最小値は80Aになります。

答え 80

 **ワンポイント**

幹線の許容電流の補正は、電動機の定格電流が 50A以下かどうか で決まります。

電動機の定格電流の合計が、50A以下が1.25倍、50Aを超えると1.1倍と覚えておきましょう！

電動機がない場合は、補正せずにそのまま計算するので注意しましょう！

✏️ レッツ・トライ！

練習問題⑧ 定格電流10Aの電動機10台が接続された単相2線式の低圧屋内幹線がある。この幹線の太さを決定する電流の最小値［A］は。
ただし、需要率は80％とする。

（平成21年度 問い10）

練習問題⑨ 図のように、三相の電動機と電熱器が低圧屋内幹線に接続されている場合、幹線の太さを決める根拠となる電流の最小値［A］は。
ただし、需要率は100％とする。

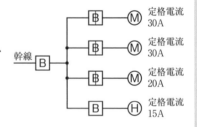

（令和2年度下期 午前 問い9）

解答

練習問題⑧ 88

電動機10台で需要率が80％なので、10×10×0.8＝80［A］。50Aを超えるので、1.1倍にします（80×1.1＝88［A］）。

練習問題⑨ 103

電動機3台で30＋30＋20＝80［A］。50Aを超えているので、1.1倍にします（80×1.1＋15＝103［A］）。

　イは、30Aの配線用遮断器には、2.6mm（5.5mm²）以上の電線が必要なので、不適切です。**ロ**は、20Aの配線用遮断器には、20A以下のコンセントにしなければならないので不適切です。**ハ**は、30Aの配線用遮断器には、20A以上30A以下のコンセントにしなければならないので不適切です。

　よって、配線用遮断器と分岐回路の電線の太さ、コンセントの組合せで適切なものは**ニ**になります。

答え ニ

コンセントの図記号の意味

　コンセントの図記号は表のようになります。傍記表示されたA（アンペア）が、コンセントの定格電流になります。また15Aの場合は表示されません。数字だけの傍記表示はコンセントの口数ですので、ここでは無視してもかまいません。

図記号	定格電流
⊖	15A
⊖20A	20A
⊖30A	30A

> **例題 13**
>
> 定格電流30Aの配線用遮断器で保護される分岐回路の電線（軟銅線）の太さと、接続できるコンセントの図記号の組合せとして、適切なものは。
> ただし、コンセントは兼用コンセントではないものとする。
>
> **イ.** 断面積5.5mm² ⊖2　　　　**ロ.** 断面積3.5mm² ⊖3
>
> **ハ.** 直径2.0mm ⊖20A　　　　**ニ.** 断面積5.5mm² ⊖20A 2
>
> （令和4年度上期 午前 問い10）

解説・解答

　設問では定格電流30Aの配線用遮断器で保護されている分岐回路ですので、電線の太さは2.6mm以上（5.5mm²以上）、コンセントは20A以上30A以下になります。

　この条件に適合するのは**ニ**になります。

答え ニ

分岐回路の開閉器および過電流遮断器の施設

分岐回路の開閉器および過電流遮断器は、低圧屋内幹線からの分岐点から3m以下に施設しなければなりません。

ただし、次のような場合、取付点を延長することができます。

①分岐回路の電線の許容電流が幹線の過電流遮断器の定格電流の35%以上の場合→8m以下

②分岐回路の電線の許容電流が幹線の過電流遮断器の定格電流の55%以上の場合→制限なし

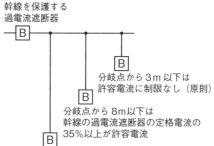

幹線を保護する過電流遮断器

分岐点から3m以下は許容電流に制限なし（原則）

分岐点から8m以下は幹線の過電流遮断器の定格電流の35%以上が許容電流

幹線の過電流遮断器の定格電流の55%以上が許容電流の場合長さに制限なし

> **例題 14** 図のように定格電流100Aの過電流遮断器で保護された低圧屋内幹線から分岐して、6mの位置に過電流遮断器を施設するとき、a−b間の電線の許容電流の最小値［A］は。
>
>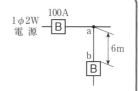
>
> （2019年度上期 問い9）

解説・解答

設問では、分岐点から過電流遮断器までの長さが3mを超え8m以下なので、a−b間の許容電流は幹線の過電流遮断器の定格電流の35%以上でなければなりません。幹線の過電流遮断器の定格電流が100Aなので、

100 × 0.35 = 35［A］

よって、a−b間の電線の許容電流の最小値は35Aになります。

答え 35

3mを超え8m以下が35%、8mを超えると55%と覚えておきましょう！

ワンポイント

35%になるか55%になるかを判断する、**分岐点からの長さは重要です。**

レッツ・トライ!

練習問題⑩ 低圧屋内配線の分岐回路の設計で、配線用遮断器、分岐回路の電線の太さ及びコンセントの組合せとして、不適切なものは。
ただし、分岐点から配線用遮断器までは3m、配線用遮断器からコンセントまでは8mとし、電線の数値は分岐回路の電線（軟銅線）の太さを示す。
また、コンセントは兼用コンセントではないものとする。

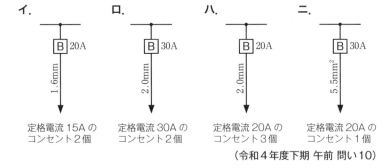

イ.
B 20A
1.6mm
定格電流15Aのコンセント2個

ロ.
B 30A
2.0mm
定格電流30Aのコンセント2個

ハ.
B 20A
2.0mm
定格電流20Aのコンセント3個

ニ.
B 30A
5.5mm²
定格電流20Aのコンセント1個

（令和4年度下期 午前 問い10）

練習問題⑪ 図のように定格電流60Aの過電流遮断器で保護された低圧屋内幹線から分岐して、10mの位置に過電流遮断器を施設するとき、a－b間の電線の許容電流の最小値［A］は。

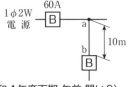

（令和4年度下期 午前 問い9）

解答

練習問題⑩ **ロ**

30Aの配線用遮断器の電線の太さは2.6mm以上です。

練習問題⑪ **33**

8mを超えているので60Aに55％を掛けたものになります。

07 漏電遮断器の施設

漏電遮断器の役割とその施設について、
また、漏電遮断器の施設を省略してよい条件を学びます

漏電遮断器とは…

漏電遮断器とは、電路に地絡(漏電)が生じたときに、その地絡電流を検出して、電路を遮断する装置です。

使用電圧60Vを超える低圧の金属製外箱を有する電気機械器具に電気を供給する場合には、危険防止のため漏電遮断器を施設しなければなりません。

漏電遮断器の省略

ただし、300V以下の回路で次のいずれかに該当する場合は漏電遮断器の設置を省略できます。

- 簡易接触防護措置(次ページのコラム参照)を施す場合
- 乾燥した場所(湿気のある場所、水気のある場所以外)に施設する、もしくは対地電圧150V以下で水気のある場所以外に施設する
- 電気用品安全法の適用を受ける二重絶縁構造のもの
- ゴム、合成樹脂その他の絶縁物で被覆したもの
- 誘導電動機の二次側回路に接続されるもの
- 機械器具に施されたD種、またはC種接地工事の抵抗値が3Ω以下の場合
- 電源側に絶縁変圧器(2次電圧300V以下)を施設し、絶縁変圧器の電路を非接地とする場合
- 機械器具内に漏電遮断器を取り付け、電源引き出し部が損傷を受けるおそれがないように施設する場合

(電気設備の技術基準の解釈第36条、内線規程1375-1)

 ワンポイント

特に赤字部分は出題される可能性が高いので覚えましょう。

低圧の機械器具に簡易接触防護措置を施してない（人が容易に触れるおそれがある）場合、それに電気を供給する電路に漏電遮断器の取り付けが省略できるものは。

イ． 100Vルームエアコンの屋外機を水気のある場所に施設し、その金属製外箱の接地抵抗値が100Ωであった。

ロ． 100Vの電気洗濯機を水気のある場所に設置し、その金属製外箱の接地抵抗値が80Ωであった。

ハ． 電気用品安全法の適用を受ける二重絶縁構造の機械器具を屋外に施設した。

ニ． 工場で200Vの三相誘導電動機を湿気のある場所に施設し、その鉄台の接地抵抗値が10Ωであった。

(平成25年度上期 問い9)

解説・解答

ハが二重絶縁構造の機械器具ですので、漏電遮断器の取り付けを省略できます。

答え ハ

電気用品安全法の適用を受けた二重絶縁構造のものなどは、漏電遮断器の設置を省略できます。

Column

簡易接触防護措置

簡易接触防護措置とは、

①設備を、屋内にあっては床上1.8m以上、屋外にあっては地表上2m以上の高さに、かつ、人が通る場所から容易に触れることのない範囲に施設する。

②設備に人が接近又は接触しないよう、さく、へい等を設け、又は設備を金属管に収める等の防護措置を施す。

これらのいずれかに適合するよう施設することをいいます。

第3章

電気機器、配線器具ならびに電気工事用の材料および工具

この章では、電気工事で使う電気機器、配線器具、材料、工具を学びます。

電線、スイッチやコンセントなどの配線器具、設置される機器、照明器具、それぞれの工事で使う材料、工事で使う工具、測定器について、写真や用途などを解説します。

覚えてしまえば確実に点数が取れる科目ですので、しっかりと学習しましょう！

01 絶縁電線・ケーブル・コード

絶縁電線・ケーブル・コードといった、
電線の種類とその特徴や用途について学びます

絶縁電線の種類と記号

絶縁電線の種類と記号は、表のとおりです。

特に、**600Vビニル絶縁電線(IV)**と**600Vビニル絶縁ビニルシースケーブル平形(VVF)**は、電気工事でよく使われる電線で、この後の配線図の問題や技能試験で出題される主要な電線になります。必ず覚えておきましょう。

	名　称	記　号
絶縁電線	600V ビニル絶縁電線	IV
	600V 二種ビニル絶縁電線	HIV
	引込用ビニル絶縁電線	DV
	屋外用ビニル絶縁電線	OW
ケーブル	600V ビニル絶縁ビニルシースケーブル（平形）	VVF
	600V ビニル絶縁ビニルシースケーブル（丸形）	VVR
	600V 架橋ポリエチレン絶縁ビニルシースケーブル	CV

最高許容温度

各電線の絶縁物の最高許容温度は、次のとおりです。

- 600Vビニル絶縁電線（IV）…60℃
- 600V二種ビニル絶縁電線（HIV）…75℃
- 600Vビニル絶縁ビニルシースケーブル平形（VVF）…60℃
- 600Vビニル絶縁ビニルシースケーブル丸形（VVR）…60℃
- 600V架橋ポリエチレン絶縁ビニルシースケーブル（CV）…90℃

　CVが最も高くなります。

> **例題 1**　**絶縁物の最高許容温度が最も高いものは。**
>
> イ．600V架橋ポリエチレン絶縁ビニルシースケーブル（CV）
> ロ．600V二種ビニル絶縁電線（HIV）
> ハ．600Vビニル絶縁ビニルシースケーブル丸形（VVR）
> ニ．600Vビニル絶縁電線（IV）
>
> （令和4年度下期 午前 問い12）

解説・解答

90℃の600V架橋ポリエチレン絶縁ビニルシースケーブル（CV）の絶縁物の最高許容温度が最も高くなります。

答え イ

ワンポイント

絶縁電線とケーブルは必ず記号と一緒に覚えましょう。

ポリエチレン絶縁耐燃性ポリエチレンシースケーブル平形（EM-EEF）

600Vビニル絶縁ビニルシースケーブル平形（VVF）と形状の似ているケーブルで、ポリエチレン絶縁耐燃性ポリエチレンシースケーブル平形（EM-EEF）というケーブルがあります。

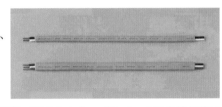

従来のケーブルに比べ、環境にやさしい材料で作られたケーブルで、火災や焼却時に有毒ガスやダイオキシンなど発生しません。VVFと同じように使用できます。

絶縁物の最高許容温度は75℃となっています。

> 例題2 **写真に示す材料の名称は。**
> イ．無機絶縁ケーブル
> ロ．600Vビニル絶縁ビニルシースケーブル平形
> ハ．600V架橋ポリエチレン絶縁ビニルシースケーブル
> ニ．600Vポリエチレン絶縁耐燃性ポリエチレンシースケーブル平形
>
>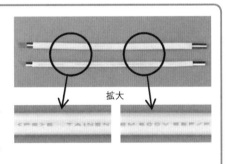
> 拡大
>
> （令和4年度下期 午前 問い16）

ワンポイント

ポリエチレン絶縁耐燃性ポリエチレンシースケーブル平形（EM-EEF）は、写真入りで出題されることが多いです。

600Vポリエチレン絶縁耐燃性ポリエチレンシースケーブル平形（EM-EEF）です。

表記されている「EM」は、EcoMaterial（エコマテリアル）の略で、通称「エコケーブル」と呼ばれています。

答え ニ

絶縁電線、ケーブルとコードの違い

電線は大きく分けて絶縁電線、ケーブル、コードになります。

「絶縁電線」は導体を絶縁被覆で覆ったものです。「ケーブル」は絶縁電線をさらにシース（外装）で覆ったものです。

「コード」は小型電気機器に電気を供給する電線で、より線の導体に絶縁被覆が覆ってあり、可とう性（曲げやすさ）が高いものです。

直接埋設式とケーブル

直接埋設式の地中電線路の施設では、使用電線はケーブルを使用しなければなりません。IV、DV、OWなどは絶縁電線ですので使用できません。

> 例題 3
>
> 低圧の地中配線を直接埋設式により施設する場合に使用できるものは。
>
> イ．600V架橋ポリエチレン絶縁ビニルシースケーブル（CV）
> ロ．屋外用ビニル絶縁電線（OW）
> ハ．引込用ビニル絶縁電線（DV）
> ニ．600Vビニル絶縁電線（IV）
>
> （令和4年度上期 午前 問い11）

解説・解答

ケーブル以外の電線は使用できないので、600V架橋ポリエチレン絶縁ビニルシースケーブル（CV）のみが使用できる電線になります。

答え イ

ワンポイント

地中配線の直接埋設式の施設は、ケーブルを使用しなければなりません。

コードの特徴

ビニルコードは熱に弱いため電球線や電熱器用移動電線には使用できません。

コードの許容電流は、

- 0.75mm²…7A　　・1.25mm²…12A　となります。

例題 4　使用電圧が300V以下の屋内に施設する器具であって、付属する移動電線にビニルコードが使用できるものは。

　イ．電気扇風機　　　ロ．電気こたつ
　ハ．電気こんろ　　　ニ．電気トースター

（令和4年度下期 午後 問い12）

解説・解答

　移動電線の施設では、ビニルコードは電気を熱として利用しない電気機械器具に限られます。この中で電気を熱として利用しない電気機械器具は電気扇風機のみです。

答え イ

レッツ・トライ！

練習問題① 許容電流から判断して、公称断面積1.25mm²のゴムコード（絶縁物が天然ゴムの混合物）を使用できる最も消費電力の大きな電熱器具は。

ただし、電熱器具の定格電圧は100Vで、周囲温度は30℃以下とする。

　イ．600Wの電気炊飯器　　ロ．1 000Wのオーブントースター
　ハ．1 500Wの電気湯沸器　ニ．2 000Wの電気乾燥器

（令和3年度下期 午前 問い12）

解答

練習問題① ロ

　1.25mm²のゴムコードの許容電流は12Aなので、10A（1 000 [W]/100 [V]）流れる、オーブントースターが最も大きな消費電力のものになります。

02 コンセント・スイッチ（点滅器）

コンセントの種類とその写真と特徴、
また、スイッチ（点滅器）の種類とその特徴について学びます

コンセントの種類

コンセントには次のような種類があります。

①引掛形コンセント	②抜け止め形コンセント	③接地極付コンセント
専用の差込プラグで回転して接続し、容易に抜けないようにしたコンセントです。	標準の差込プラグで回転して接続し、容易に抜けないようにしたコンセントです。	接地ピンのある差込プラグを差すことができるコンセントです（写真は2口用）。

④接地端子付コンセント	⑤接地極付接地端子付コンセント	⑥防雨形コンセント
接地線をねじで止める接地端子が付いたコンセントです。	接地ピンのある差込プラグを差すことができ、接地端子もあるコンセントです。	屋外で使用できるコンセントで防雨構造のものです。

接地極付コンセントの施設

　内線規程では、次のコンセントは接地極付コンセントを使用することとしています。

①電気洗濯機用コンセント　　　②電気衣類乾燥機用コンセント

③電子レンジ用コンセント　　　④電気冷蔵庫用コンセント

⑤電気食器洗い機用コンセント

⑥電気冷暖房機用コンセント（電気冷房機用コンセントも含む）

⑦温水洗浄式便座用コンセント　⑧電気温水器用コンセント

⑨自動販売機用コンセント

　また、これら接地極付コンセントには接地端子を備えることが望ましい、としています。

例題 5

住宅で使用する電気食器洗い機用のコンセントとして、最も適しているものは。

　イ．引掛形コンセント　　　　ロ．抜け止め形コンセント
　ハ．接地端子付コンセント　　ニ．接地極付接地端子付コンセント

（2019年度下期 問い11）

解説・解答

　電気食器洗い機用コンセントに最も適しているものは、「接地極付接地端子付コンセント」になります。

答え ニ

 ワンポイント

接地極付接地端子付コンセントは、写真と一緒に覚えておきましょう。

接地極と接地端子の両方があるコンセントです(配線図でも出てきます)！

リモコン配線に使う器具

リモコン配線には次のような器具を使います。

①リモコントランス	②リモコンリレー	③リモコンスイッチ
リモコン配線に操作電源として使う電圧を供給するため、低圧回路の電圧を変圧する操作電源変圧器です。	リモコンスイッチからくる制御信号を受けて、スイッチの入切をします。	スイッチを押すことによって、スイッチリレーに入切の信号を送ります。
	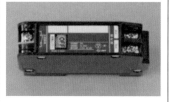	

例題6

写真に示す器具の用途は。

イ．リモコン配線の操作電源変圧器として用いる。

ロ．リモコン配線のリレーとして用いる。

ハ．リモコンリレー操作用のセレクタスイッチとして用いる。

ニ．リモコン用調光スイッチとして用いる。

（2019年度上期 問い17）

解説・解答

写真の器具はリモコンリレーです。

答え ロ

リモコン配線はオフィスの照明などの入切に使われます！

特殊なスイッチ（点滅器）

　点滅器にも機能によって、さまざまな種類があります。

---

①自動点滅器
周囲が暗くなると自動的に入になり、明るくなると切になる点滅器です。

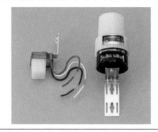 

---

②タイムスイッチ
事前に設定した時間によって、入切できるスイッチです。

③熱線センサ付自動スイッチ
内部に熱線センサがあり、人の接近による自動点滅器に用います。

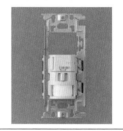

> **例題 7**
>
> **写真に示す器具の用途は。**
> 　イ．照明器具の明るさを調整するのに用いる。
> 　ロ．人の接近による自動点滅器に用いる。
> 　ハ．蛍光灯の力率改善に用いる。
> 　ニ．周囲の明るさに応じて街路灯などを自動点滅
> 　　　させるのに用いる。
>
>
>
> （令和4年度下期 午後 問い17）

解説・解答

　写真に示す器具は熱線センサ付自動スイッチです。熱線センサが内蔵され、人の接近を感知すると入切をします。

答え ロ

スイッチと点滅器は同じ意味です。
電気を入切するものと覚えましょう！

ワンポイント

スイッチやコンセントは、配線器具と言います。

レッツ・トライ！

練習問題② 写真に示す器具の用途は。

イ．粉じんの多発する場所のコンセント
　　として用いる。
ロ．屋外のコードコネクタとして用いる。
ハ．爆発の危険性のある場所のコンセン
　　トとして用いる。
ニ．雨水のかかる場所のコンセントとし
　　て用いる。

（平成21年度 問い18）

練習問題③ 写真に示す器具の名称は。

イ．電力量計
ロ．調光器
ハ．自動点滅器
ニ．タイムスイッチ

（2019年度下期 問い17）

解答

練習問題② ニ

写真は防雨形コンセントです。

練習問題③ ニ

事前に設定した時間によって入切できるスイッチです。

03 遮断器・開閉器など

配線用遮断器、漏電遮断器と電磁開閉器の特徴と写真、また、動作や機器構成について学びます

配線用遮断器の役割と動作特性

配線用遮断器は、過電流や短絡電流が流れた際、電路を遮断する役割があります。配線用遮断器は、電路にどのような電流が流れたかによってどのように動作するか決められています。

定格電流の区分	最大動作時間		
	定格電流の1倍の電流を通じた場合	定格電流の1.25倍の電流を通じた場合	定格電流の2倍の電流を通じた場合
30A 以下	自動的に動作しない	60分	2分
30A を超え50A 以下		60分	4分

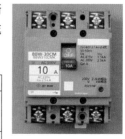

配線用遮断器
（電動機保護兼用）

ヒューズの動作特性

過電流遮断器として低圧電路に施設するヒューズは水平に取り付けた場合、次の表に適合しなければなりません。

定格電流の区分	溶断しなければならない時間の限度		
	定格電流の1.1倍の電流を通じた場合	定格電流の1.6倍の電流を通じた場合	定格電流の2倍の電流を通じた場合
30A 以下	電流に耐えること	60分	2分
30A を超え60A 以下		60分	4分

例題8

低圧電路に使用する定格電流20Aの配線用遮断器に40Aの電流が継続して流れたとき、この配線用遮断器が自動的に動作しなければならない時間［分］の限度（最大の時間）は。

イ. 1　**ロ.** 2　**ハ.** 4　**ニ.** 60

（令和3年度下期 午前 問い15）

設問では、40Aの電流となっていますので定格電流20Aに比べると、

40/20＝2

2倍の電流が流れています。ですので、2分以内に動作しなければなりません。

答え ロ

漏電遮断器と種類

漏電遮断器は、内蔵された零相変流器によって地絡（漏電）電流を検出して自動的に電路を遮断するものです。漏電を検出した際に飛び出す、漏電表示ボタンと模擬的な地絡電流を流して動作を確認するテストボタンを備えています。

また、高感度形漏電遮断器は定格感度電流が30mA、高速形漏電遮断器は動作時間が0.1秒以下となっています。

漏電遮断器

例題9

写真に示す器具の名称は。

イ．配線用遮断器
ロ．漏電遮断器
ハ．電磁接触器
ニ．漏電警報器

（令和4年度上期 午後 問い17）

解説・解答

漏電遮断器は、地絡（漏電）を検出して回路を遮断する器具です。配線用遮断器との見分け方は、右にある漏電表示ボタン（写真では黄色）とテストボタン（写真では白）があるかどうかで識別できます。

答え ロ

電磁開閉器

電磁開閉器は、電磁接触器と熱動継電器（サーマルリレー）で構成された開閉器で、三相回路の過負荷保護と開閉に使われます。

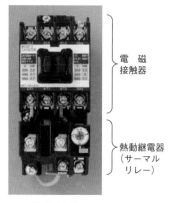

電磁接触器

熱動継電器（サーマルリレー）

電磁開閉器

例題 10

写真に示す器具の○で囲まれた部分の名称は。

イ．熱動継電器
ロ．漏電遮断器
ハ．電磁接触器
ニ．漏電警報器

（令和2年度下期 午前 問い17）

第3章 電気機器、配線器具ならびに電気工事用の材料および工具

解説・解答

この写真の器具は、全体で「電磁開閉器」という名称で、○で囲まれた部分は電磁接触器です。また電磁接触器の下に接続されたものは「熱動継電器」です。

答え ハ

ワンポイント

電磁開閉器は、内部の電磁石の電気を入れたり切ったりすることにより開閉するスイッチです。

電磁開閉器と電磁接触器を
区別しておきましょう！

ワンポイント

配線用遮断器・漏電遮断器・電磁開閉器の特徴は写真で覚えておきましょう。

レッツ・トライ！

練習問題④ 写真に示す器具の名称は。

イ．漏電警報器
ロ．電磁開閉器
ハ．配線用遮断器（電動機保護兼用）
ニ．漏電遮断器

（令和3年度上期 午前 問い17）

練習問題⑤ 漏電遮断器に関する記述として、誤っているものは。

イ．高速形漏電遮断器は、定格感度電流における動作時間が0.1秒以下である。
ロ．漏電遮断器には、漏電電流を模擬したテスト装置がある。
ハ．漏電遮断器は、零相変流器によって地絡電流を検出する。
ニ．高感度形漏電遮断器は、定格感度電流が1 000mA以下である。

（令和3年度下期 午後 問い15）

解答

練習問題④ ハ

　写真の器具は配線用遮断器です。10Aの配線用遮断器として、さらに電動機用ブレーカとして使用できます。

練習問題⑤ ニ

　高感度形漏電遮断器とは、定格感度電流が30mA以下の漏電遮断器です。30mAを超え1 000mA以下の漏電遮断器を中感度形漏電遮断器といいます。

04 誘導電動機

誘導電動機の特徴、回転速度のもとめ方、
力率改善の機器（低圧進相コンデンサ）について学びます

かご形誘導電動機の特徴

かご形誘導電動機には以下のような特徴があります。

①始動方法

かご形誘導電動機の始動方法には、じか入れ（全電圧）始動法や丫－△（スターデルタ）始動法などがあります。

じか入れ始動法は始動時に定格電流の4～8倍の電流が流れます。丫－△始動法はこの始動電流を抑えるもので、始動電流をじか入れ始動法の1/3に抑えることができ、始動トルクも1/3になります。

②回転方向の変更

三相誘導電動機の回転方向の変更は、接続されている3本の結線のうち2本を入れ替えることによって逆回転にすることができます。

③回転速度と負荷

負荷の増加によって回転速度は低下します。

④回転速度と周波数

回転速度は周波数に比例します。

> **例題 11** **一般用低圧三相かご形誘導電動機に関する記述で、誤っているものは。**
>
> **イ.** 負荷が増加すると回転速度がやや低下する。
>
> **ロ.** 全電圧始動（じか入れ）での始動電流は全負荷電流の4～8倍程度である。
>
> **ハ.** 電源の周波数が60Hzから50Hzに変わると回転速度が増加する。
>
> **ニ.** 3本の結線のうちいずれか2本を入れ替えると逆回転する。
>
> （令和2年度下期 午前 問い14）

解説・解答

一般用低圧三相かご形誘導電動機の回転速度は、周波数が60Hzから50Hzに変わると周波数に比例し減少します。

答え ハ

誘導電動機の回転速度

誘導電動機の回転速度（同期回転速度）の式は以下のとおりです。

$$同期回転速度 N_s = \frac{120 \times 周波数 f}{極数 p} \ [\text{min}^{-1}（毎分）]$$

実際の回転速度は負荷によってすべりが発生し、回転速度が落ちます。

$$回転速度 N = \frac{120 \times 周波数 f}{極数 p} (1-すべり s) \ [\text{min}^{-1}]$$

例題 12

極数6の三相かご形誘導電動機を周波数50Hzで使用するとき、最も近い回転速度 [min^{-1}] は。

イ. 500 　　**ロ**. 1 000 　　**ハ**. 1 500 　　**ニ**. 3 000

（2019年度上期 問い14）

解説・解答

同期回転速度の式に与えられている数値を入れると、

$$N_s = \frac{120f}{p} = \frac{120 \times 50}{6} = 1\ 000 \ [\text{min}^{-1}]$$

同期回転速度は、1 000min^{-1} になり最も近い回転速度になります。

答え ロ

誘導電動機の回転速度の計算は、
この科目での数少ない計算問題
ですので、覚えてしまいましょう！

進相コンデンサによる力率改善

低圧三相誘導電動機の力率を改善するために写真で示す**低圧進相コンデンサ**が使われます。

低圧進相コンデンサは手元開閉器の負荷側に電動機と並列に接続されます。

低圧進相コンデンサ

例題 13 写真に示す機器の名称は。

イ．水銀灯用安定器
ロ．変流器
ハ．ネオン変圧器
ニ．低圧進相コンデンサ

（令和4年度上期 午前 問い17）

解説・解答

　低圧進相コンデンサは、負荷の遅れ電流に対して進み電流で打ち消して、力率改善するために使われます。写真は三相誘導電動機の力率改善用として設置されるものです。

答え ニ

 ワンポイント

低圧進相コンデンサは、3本の線が出ているものや、前頁にあるように3つの突起があるものなどがあります。

レッツ・トライ！

練習問題❻ **三相誘導電動機の始動電流を小さくするために用いられる方法は。**

イ．三相電源の3本の結線を3本とも入れ替える。
ロ．三相電源の3本の結線のうち、いずれか2本を入れ替える。
ハ．コンデンサを取り付ける。
ニ．スターデルタ始動装置を取り付ける。

（令和3年度下期 午前 問い14）

解答

練習問題❻ **ニ**

始動電流を小さくするため、スターデルタ始動装置を取り付けます。

05 照明器具

電球形LEDランプ・直管LEDランプの特徴や白熱電球、蛍光灯、その他の照明器具のそれぞれの特徴について学びます

電球形LEDランプ・直管LEDランプの特徴

電球形LEDランプ・直管LEDランプの特徴は、以下のとおりです。

- 白熱電球と比較して**発光効率が高い**
- 白熱電球と比較して**価格が高い**
- 白熱電球と比較して**力率が低い**
- 白熱電球と比較して**寿命が長い**

他の照明器具の特徴

他の照明器具は、以下の特徴があります。

①白熱電球

- 蛍光灯に比べ力率が良い
- 蛍光灯に比べ雑音が少ない
- 蛍光灯に比べ発光効率は悪い
- 仮設照明では線付防水ソケットを使う

②蛍光灯

- 安定器を使用する
- 白熱電球に比べ発光効率が良い
- 白熱電球に比べ寿命が長い

③ナトリウムランプ

- 霧の濃い場所やトンネル内等の照明に適している

④高圧水銀灯

- 水銀灯用安定器と組み合わせて使用する

線付防水ソケット

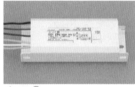

安定器（蛍光灯の放電を安定させるために用いる）

例題 14 白熱電球と比較して、電球形LEDランプ（制御装置内蔵形）の特徴として、誤っているものは。

イ．力率が低い。　　ロ．発光効率が高い。

ハ．価格が高い。　　ニ．寿命が短い。

（平成30年度上期 問い15）

解説・解答

　電球形LEDランプは、数万時間の寿命を持ち、白熱電球と比較すると数十倍長持ちします。また、白熱電球と比べて、

・発光効率が高い　　　・価格が高い　　　・力率が低い

などの特徴があります。

答え ニ

 ワンポイント

実際に、照明器具は白熱電球・蛍光灯からLED照明器具にシフトしてきています。

 レッツ・トライ!

練習問題⑦ **組み合わせて使用する機器で、その組合せとして、明らかに誤っているものは。**

　　イ．光電式自動点滅器と庭園灯
　　ロ．零相変流器と漏電警報器
　　ハ．ネオン変圧器と高圧水銀灯
　　ニ．スターデルタ始動器と一般用低圧三相かご形誘導電動機

（平成29年度下期 問い12）

練習問題⑧ **霧の濃い場所やトンネル内等の照明に適しているものは。**

　　イ．ナトリウムランプ　　　　ロ．蛍光ランプ
　　ハ．ハロゲン電球　　　　　　ニ．水銀ランプ

（平成28年度上期 問い15）

解答

練習問題⑦ ハ

　ネオン変圧器は、ネオン放電灯を点灯させるためのものです。高圧水銀灯は水銀灯用安定器と組み合わせて使用します。

練習問題⑧ イ

　ナトリウムランプは効率性が高く、長寿命で、演色性が悪いので一般照明には向きませんが、霧の濃い場所やトンネル内等では、視認性が良いという理由で採用されています。

06 金属管工事、金属可とう電線管工事の材料

重要度 ★★★

金属管工事、金属可とう電線管工事で使う
材料の名称、写真、用途について学びます

ねじなし電線管

管端のねじを切らず、止めネジで接続する金属管を「ねじなし電線管」といいます。近年では、ほとんどの金属管工事の材料に関する問題がねじなし電線管になっているようです。

ねじなし電線管

金属管工事の電線管相互を接続する材料

金属管工事の電線管相互を接続する材料は次のとおりです。

①カップリング	②ノーマルベンド	③ユニバーサル
電線管相互をまっすぐに接続するものです。	電線管相互を一定の曲げ半径を保ちながら直角接続するものです。	金属管が直角に曲がる部分で電線管相互の接続に使われます。また通線時には一回引き出して再度挿入する通線の中継地点として使われます。
	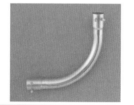	

 ワンポイント

止めネジがあるものが「ねじなし電線管」の材料になります。

例題
15

写真に示す材料の名称は。

- **イ**．ユニバーサル
- **ロ**．ノーマルベンド
- **ハ**．ベンダ
- **ニ**．カップリング

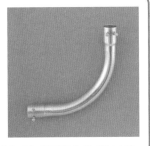

（令和2年度下期 午後 問い16）

解説・解答

ねじなし電線管の直角曲げ部分に使用します。

答え ロ

金属管工事で使うボックス類

金属管工事で使うボックス類は次のとおりです。なお、アウトレットボックスは金属管工事以外でも使うことがあります。

①アウトレットボックス	②プルボックス	③スイッチボックス
金属管工事での電線の接続箇所として、あるいは照明器具やスイッチ・コンセントの取り付けなどに使われます。またケーブル工事のジョイントボックスとして使われます。	複数の金属管の交差する箇所の電線の引き入れや接続に使われます。	金属管工事でスイッチやコンセントなどの配線器具を取り付けるボックスです。写真は露出配管で使われる露出スイッチボックスです。

 ワンポイント

アウトレットボックスとプルボックスは、区別できるようにしておいてください。

> **例題 16**
>
> アウトレットボックス（金属製）の使用方法として、不適切なもの
> は。
>
> **イ**．金属管工事で電線の引き入れを容易にするのに用いる。
> **ロ**．金属管工事で電線相互を接続する部分に用いる。
> **ハ**．配線用遮断器を集合して設置するのに用いる。
> **二**．照明器具などを取り付ける部分で電線を引き出す場合に用いる。
>
> （2019年度上期 問い11）

解説・解答

金属管工事で電線相互を接続する箇所や照明器具の取付け場所などで用います。配線用遮断器を集合して設置するのは分電盤になります。

答え ハ

ワンポイント

アウトレットボックスは金属管工事でもケーブル工事でも使われます。

金属管工事のその他の材料

金属管工事のその他の材料と用途は次のとおりです。

①ボックスと管の接続

・ボックスコネクタ	・リングレジューサ	・絶縁ブッシング
ボックス類と金属管を接続します。接続にはボックスコネクタに付属しているロックナットを使います。 ねじなし電線管のボックスコネクタは「ねじなしボックスコネクタ」といい、ネジ止めのネジで金属管と接続する際は、ネジの頭部をねじ切る必要があります。	アウトレットボックスなどの配管接続のための穴（ノックアウト）の径が大きい場合に、管の径と合わせるために使用します。	ボックスコネクタや金属管の管端に取り付け、電線の絶縁被覆に傷がつかないようにします。
 ロックナット		

金属管工事の材料は多いので、過去に出題されたものを中心に覚えていきましょう！

②管 端

・エントランスキャップ

垂直な金属管の上端部あるいは水平な金属管の端部に取り付けて、雨水の浸入を防止するために使用します。

③管の固定・支持

・サドル

電線管を造営材に固定・支持するものです。コンクリート壁に取り付けるときはカールプラグと木ねじを使います。

例題 17

金属管工事に使用される「ねじなしボックスコネクタ」に関する記述として、誤っているものは。

イ. ボンド線を接続するための接地用の端子がある。

ロ. ねじなし電線管と金属製アウトレットボックスを接続するのに用いる。

ハ. ねじなし電線管との接続は止めネジを回して、ネジの頭部をねじ切らないように締め付ける。

ニ. 絶縁ブッシングを取り付けて使用する。

（令和3年度上期 午後 問い11）

解説・解答

ねじなしボックスコネクタは右の写真の材料です。

右側のネジでねじなし電線管と接続します（左のネジは接地線（ボンド線）を接続するものです）。ねじなし電線管と接続する際は止めネジの頭部をねじ切って電気的に確実に接続する必要があります。

答え ハ

金属製可とう電線管

可とう性を持つ電線管で、機械周りの配管、振動機器などの配管に使われます。

1種金属製可とう電線管は使用制限があるため現在では使われていません。2種金属製可とう電線管が使われています。

また、金属管との接続にはコンビネーションカップリングが、ボックス類との接続にはストレートボックスコネクタが使われます。

2種金属製可とう電線管

コンビネーションカップリング

ストレートボックスコネクタ

例題 18

写真に示す材料の名称は。
イ．合成樹脂線ぴ
ロ．硬質塩化ビニル電線管
ハ．合成樹脂製可とう電線管
ニ．金属製可とう電線管

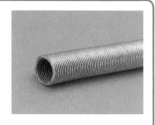

（平成23年度下期 問い16）

解説・解答

2種金属製可とう電線管になります。金属管では、曲げにくい配管の屈曲部などに使われます。

答え ニ

 ワンポイント

コンビネーションカップリングは、金属管工事の一部に、2種金属製可とう電線管を使う場合に使用します。

✎ **レッツ・トライ！**

練習問題⑨ 金属管工事において、絶縁ブッシングを使用する主な目的は。

イ．電線の被覆を損傷させないため。
ロ．電線の接続を容易にするため。
ハ．金属管を造営材に固定するため。
ニ．金属管相互を接続するため。

（令和3年度下期 午後 問い11）

練習問題⑩ 写真に示す材料の用途は。

イ．金属管工事で直角に曲がる箇所に用いる。
ロ．屋外の金属管の端に取り付けて雨水の浸入を防ぐのに用いる。
ハ．金属管をボックスに接続するのに用いる。
ニ．金属管を鉄骨等に固定するのに用いる。

（平成22年度 問い18）

解答

練習問題⑨ イ

　ねじなし電線管のボックスコネクタや薄鋼電線管の管端に取り付け、電線の通線時などに電線の被覆を損傷させないようにします。

練習問題⑩ イ

　ユニバーサルという材料で金属管が直角に曲がる部分で使われます。また蓋があるので、通線時には一回引き出して再度挿入する中継地点として使われます。

> カップリングは管同士を接続するもの、ボックスコネクタはボックスと管を接続するものと覚えておきましょう！

07 合成樹脂管工事の材料

合成樹脂管工事で使う材料の名称・写真・用途
について学びます

硬質ポリ塩化ビニル電線管（VE管）と材料

　合成樹脂管工事で使われる可とう性のない電線管に硬質ポリ塩化ビニル電線管（VE管）があります。

　硬質ポリ塩化ビニル電線管相互の接続には、TSカップリングを使います。

硬質ポリ塩化ビニル電線管
（VE管）

TSカップリング

例題 19

写真に示す材料の用途は。

イ．硬質ポリ塩化ビニル電線管（硬質塩化ビニル電線管）相互を接続するのに用いる。

ロ．金属管と硬質ポリ塩化ビニル電線管（硬質塩化ビニル電線管）とを接続するのに用いる。

ハ．合成樹脂製可とう電線管相互を接続するのに用いる。

ニ．合成樹脂製可とう電線管とCD管とを接続するのに用いる。

（令和3年度下期 午前 問い16）

解説・解答

　写真の材料はTSカップリングです。硬質ポリ塩化ビニル電線管相互を接続するのに用いられます。

答え イ

ワンポイント

硬質ポリ塩化ビニル電線管は可とう性のない合成樹脂製電線管の代表的なものになります。

PF管とCD管

合成樹脂製可とう電線管にはPF管とCD管があります。PF管は自己消火性がありますが、CD管には自己消火性がないので施工できる場所が限られます。

PF管

PF管の材料

PF管用の材料は次のとおりです。

① **PF管用カップリング** 電線管相互の接続に使われます。 	② **PF管用ボックスコネクタ** ボックス類への接続に使われます。 
③ **PF管用サドル** 造営材への支持・固定に使われます。 	④ **PF管用露出スイッチボックス** 合成樹脂製可とう電線管を接続し、スイッチやコンセントの施設に使われます。 

例題 20 写真に示す材料の用途は。

イ．合成樹脂製可とう電線管相互を接続するのに用いる。

ロ．合成樹脂製可とう電線管と硬質ポリ塩化ビニル電線管（硬質塩化ビニル電線管）とを接続するのに用いる。

ハ．硬質ポリ塩化ビニル電線管（硬質塩化ビニル電線管）相互を接続するのに用いる。

ニ．鋼製電線管と合成樹脂製可とう電線管とを接続するのに用いる。

（令和3年度下期 午後 問い16）

解説・解答

　写真の材料は合成樹脂製可とう電線管（PF管）用カップリングです。同一の太さの電線管相互の接続に使います。

答え イ

 ワンポイント

PF管は、可とう性のある合成樹脂製電線管の代表的なものになります。

 **レッツ・トライ！**

練習問題⑪ 写真に示す材料の用途は。

イ．PF管を支持するのに用いる。

ロ．照明器具を固定するのに用いる。

ハ．ケーブルを束線するのに用いる。

ニ．金属線ぴを支持するのに用いる。

（令和4年度上期 午前 問い16）

解答

練習問題⑪ **イ**

　写真に示す材料は、PF管用のサドルです。木ねじなどを使って造営物にPF管を支持します。

08 ケーブル工事、金属線ぴ工事、ライティングダクト工事の材料

ケーブル工事、金属線ぴ工事、ライティングダクト工事で使う
材料の名称・写真・用途について学びます

ケーブル工事の材料

電気工事用の材料で出題されるケーブル工事の材料には、次のようなものがあります。

①住宅用スイッチボックス 住宅の壁などに施設されるスイッチボックスです。 	**② VVF 用ジョイントボックス** 天井隠ぺい配線などのケーブル工事の VVF ケーブル相互の接続に使われます。 
③銅線用裸圧着端子 分電盤や電動機、接地などの端子の接続に使われます。専用の圧着工具で電線に接続します。 	**④ケーブルラック** 幹線など複数のケーブルの配線に使われる、ハシゴ状の材料です。 

例題 21

写真に示す材料の用途は。

イ．住宅でスイッチやコンセントを取り付けるのに用いる。

ロ．多数の金属管が集合する箇所に用いる。

ハ．フロアダクトが交差する箇所に用いる。

ニ．多数の遮断器を集合して設置するために用いる。

（合成樹脂製）

（2019年度上期 問い16）

写真の材料は住宅用スイッチボックスです。木造壁の柱などに取り付けられ、設置・配線した後、石膏ボードの穴あけをして、スイッチやコンセントなどの配線器具を取り付けます。

答え イ

金属製線ぴ

金属線ぴ工事で使われる金属製線ぴには、1種金属製線ぴと2種金属製線ぴがあります。

1種金属製線ぴは幅4cm未満のもので、メタルモールと呼ばれています。

1種金属製線ぴ

例題 22

写真に示す材料が使用される工事は。

イ．金属ダクト工事
ロ．金属管工事
ハ．金属可とう電線管工事
ニ．金属線ぴ工事

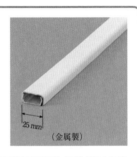

25mm （金属製）

（令和2年度下期 午前 問い16）

解説・解答

写真は1種金属製線ぴです。幅4cm未満のメタルモールがそれに相当します。

答え ニ

線ぴの「ぴ」は漢字で書くと「樋」。
「とい」を表します！

ライティングダクト

任意の場所に照明器具を取り付けるのに使用するライティングダクトは、レール状のコンセントで、内部には使用時に充電される導体があります。

ライティングダクト

例題 23

写真に示す器具の用途は。

イ．床下等湿気の多い場所の配線器具として用いる。

ロ．店舗などで照明器具等を任意の位置で使用する場合に用いる。

ハ．フロアダクトと分電盤の接続器具に用いる。

ニ．容量の大きな幹線用配線材料として用いる。

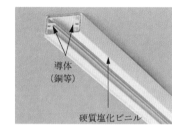

導体（銅等）

硬質塩化ビニル

（平成25年度上期 問い17）

写真に示す器具はライティングダクトです。店舗のスポットライトなどの照明器具をライティングダクト上の任意の位置に取り付けることができます。

答え ロ

💡 **ワンポイント**

ライティングダクトは、内部の導体と形状で覚えましょう。

1種金属製線ぴ、ライティングダクトの形状は覚えておきましょう！

09 機器の力率と太陽光発電設備

重要度 ★★★

機器それぞれの力率の特徴と太陽光発電設備で
使用する機器について学びます

力率の良い電気機械器具

力率はコイルやコンデンサのない、抵抗負荷のみの電気機械器具が100%の力率に
なり、力率が最も高くなります。

・電熱器　　　・電気トースター　　　・白熱電球

などが主なものです。

例題 24

力率の最も良い電気機械器具は。

イ. 電気トースター　　ロ. 電気洗濯機

ハ. 電気冷蔵庫　　　ニ. 電球形LEDランプ（制御装置内蔵形）

（令和4年度上期 午後 問い15）

解説・解答

電気トースターは、抵抗によって発熱する器具なので、力率が100%になります。他
の器具では、電動機や制御装置によって、力率100%にはなりません。

答え　イ

太陽光発電設備

太陽光発電設備（太陽電池発電設備）は、太陽光を電気に変換して発電する設備で、
系統連系型は商用電力に変換して自家消費したり、電力会社に売ったりすることができ
るものです。

太陽光発電モジュールで発電した電気は直流ですので、商用電力として使えるよう
パワーコンディショナで交流電力に変換します。

ワンポイント

パワーコンディショナは太陽光発電設備の中でも重要な機器ですので覚えておきましょう。

例題 25

系統連系型の小出力太陽光発電設備において、使用される機器は。

イ．調光器　　　　　　ロ．低圧進相コンデンサ
ハ．自動点滅器　　　　ニ．パワーコンディショナ

(2019年度上期 問い15)

解説・解答

　パワーコンディショナとは、太陽光発電モジュールで発電した直流の電力を、商用電力として使えるように交流電力に変換するものです。この装置によって、同じ構内にある他の電気設備で使ったり、送配電事業者の送配電系統から発電した電気を販売したりすることができるようになります。

答え ニ

太陽光発電設備の問題は、
近年多く出題されています！

Column

最新技術の電気工事

　LED照明や太陽光発電設備の電気工事は、これまでの電気工事と比較して、新しい種類の電気工事となります。急速な普及に合わせて実際の工事も増えてきています。

　第2種電気工事士試験でも、このような最新技術の電気工事が少しずつ扱われるようになってきていますので、対応できるようにしておきましょう。

10 電気工事で使う工具

さまざまな種類の電気工事で使用する工具
について工事の種類別に学びます

金属管の切断・曲げ作業に使用する工具

金属管の切断・曲げ作業で使う工具には、次のようなものがあります。

①切断作業に使用する工具

・金切りのこ 金属管の切断に使います。 	・やすり 金属管切断後の切断面の面取り（バリ取り）に使います。 
・リーマ 金属管切断後の切断面の内側の面取り（バリ取り）に使います。 	・クリックボール リーマを取り付けて使用します。 

②曲げ作業に使用する工具

・パイプベンダ 金属管の曲げ作業に使われます。てこの原理で金属管を曲げます。

<table>
<tr><td>例題
26</td><td>金属管（鋼製電線管）工事で切断及び曲げ作業に使用する工具の組合せとして、適切なものは。</td></tr>
</table>

イ．やすり　パイプレンチ　パイプベンダ
ロ．やすり　金切りのこ　パイプベンダ
ハ．リーマ　金切りのこ　トーチランプ
ニ．リーマ　パイプレンチ　トーチランプ

(令和3年度下期 午後 問い13)

解説・解答

　金属管（鋼製電線管）の切断作業には、金切りのこ、やすり、リーマなどを使います。曲げ作業にはパイプベンダを使います。パイプレンチは薄鋼電線管のねじでの接続等には使われますが、切断作業や曲げ作業では一般には使われません。また、トーチランプは硬質ポリ塩化ビニル電線管の曲げ作業や接続作業に使われるものです。

答え ロ

合成樹脂管工事で使う工具

　合成樹脂管（VE管）工事で使う工具には、次のようなものがあります。

①合成樹脂管用カッタ（塩ビカッタ）	②面取器	③トーチランプ
合成樹脂管の切断に使用する工具です。	合成樹脂管の切断面の面取り（バリ取り）に使います。	硬質ポリ塩化ビニル電線管の曲げ作業に使います。

合成樹脂管工事の工具は、使用する工具としても、使用しない工具としても、よく出題されます！

例題
27
写真に示す工具の電気工事における用途は。

イ. 硬質塩化ビニル電線管の曲げ加工に用いる。
ロ. 金属管（鋼製電線管）の曲げ加工に用いる。
ハ. 合成樹脂製可とう電線管の曲げ加工に用いる。
ニ. ライティングダクトの曲げ加工に用いる。

（令和3年度上期 午後 問い18）

解説・解答

　写真に示す工具はトーチランプです。ガスや石油などを燃料として（写真のトーチランプはガス）、硬質塩化ビニル電線管を熱して柔らかくして曲げ加工をします。

答え イ

配線作業・墨出し作業に使う工具

　絶縁電線やケーブルを配線する際に用いる工具、墨出し作業に使う工具には、次のようなものがあります。

①呼び線挿入器	②張線器
電線管に電線を通す（通線する）のに使う工具です。	架空線のたるみを調整するのに使います。
	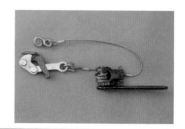

③レーザー墨出し器
器具などを取り付けるための基準線を投影するのに使います。

例題 28	写真に示す物の用途は。

イ. アウトレットボックス（金属製）と、そのノックアウトの径より外径の小さい金属管とを接続するために用いる。

ロ. 電線やメッセンジャワイヤのたるみを取るのに用いる。

ハ. 電線管に電線を通線するのに用いる。

ニ. 金属管やボックスコネクタの端に取り付けて、電線の絶縁被覆を保護するために用いる。

（平成26年度下期 問い16）

解説・解答

　写真に示す物は、呼び線挿入器です。電線管の接続されたボックスなどから入れ、電線を取り付けて引っ張ることにより、電線を通線します。

答え ハ

電線の接続に使う工具

　絶縁電線やケーブルの接続に用いる工具には、次のようなものがあります。

①ケーブルストリッパ、ワイヤストリッパ	②手動油圧式圧着器
VVFケーブルの外装やIV線の絶縁被覆をはぎ取るのに使います。	太い電線の圧着接続に使います。
 **左がワイヤストリッパ、右がケーブルストリッパ**	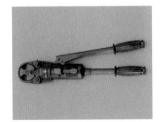

 ワンポイント

電線の接続に使う工具は、ほかにも圧着端子用圧着工具やリングスリーブ用圧着工具があります。第8章で詳しく学びます。

写真に示す工具の用途は。

イ．VVFケーブルの外装や絶縁被覆をは
　　ぎ取るのに用いる。

ロ．CVケーブル（低圧用）の外装や絶
　　縁被覆をはぎ取るのに用いる。

ハ．VVRケーブルの外装や絶縁被覆をは
　　ぎ取るのに用いる。

ニ．VFFコード（ビニル平形コード）の
　　絶縁被覆をはぎ取るのに用いる。

（2019年度下期 問い18）

解説・解答

　写真の工具はワイヤストリッパ（左）とケーブルストリッパ（右）です。ワイヤスト
リッパは電線の絶縁被覆をむくのに使います。ケーブルストリッパはVVFケーブルの
外装のはぎ取りと電線の絶縁被覆むきに使います。

答え　イ

穴あけ作業に使う工具

　穴あけ作業に用いる工具には、次のようなものがあります。

①ホルソ	②ノックアウトパンチャ
電気ドリルに取り付けてプルボックスなどの鉄板、各種合金板の穴あけに使用します。	キャビネットや分電盤など鉄板、各種合金板に電線管用の口径の大きい穴をあけるのに使用します。

 ワンポイント

穴あけに使う工具は、木材などに穴をあける木工用ドリルビットなどがあります。第8章で詳しく学びます。

例題 30

写真に示す工具の用途は。

イ．金属管切り口の面取りに使用する。
ロ．鉄板の穴あけに使用する。
ハ．木柱の穴あけに使用する。
ニ．コンクリート壁の穴あけに使用する。

（令和2年度下期 午前 問い18）

解説・解答

　写真の工具はホルソで、プルボックスや金属製の分電盤キャビネットなどの鉄板、各種合金板の穴あけに使用します。電動ドリルに取り付けて穴をあけます。

答え ロ

 ワンポイント

ホルソは、英語で書くとholesawで穴（hole）をあけるのこぎり（saw）という意味です。

 レッツ・トライ！

練習問題⑫ 写真に示す工具の用途は。

イ．金属管の切断に使用する。
ロ．ライティングダクトの切断に使用する。
ハ．硬質塩化ビニル電線管の切断に使用する。
ニ．金属線ぴの切断に使用する。

（平成29年度上期 問い16）

解答

練習問題⑫ ハ

　写真の工具は合成樹脂管用カッタで、硬質塩化ビニル電線管の切断に使います。

11 測定器

電気工事で使用される測定器がどのようなものか
それぞれの写真から学びます

測定器の名称と用途

電気工事で使われる測定器には、次のようなものがあります。

①回路計（テスタ） 電路の電圧測定や導通試験などに使います。 	**②絶縁抵抗計** 絶縁抵抗の測定に使います。目盛板中央に「MΩ」と表記されています。 
③接地抵抗計 接地抵抗の測定に使います。補助接地極や測定用の長いリード線などが付属しています。 	**④クランプ形電流計** 電線を挟むことにより、電流を測定できます。 

 ワンポイント

測定器の使い方については、第5章で学びます。

⑤**クランプ形漏れ電流計**	⑥**検相器**
回路の電線すべてを挟むことにより、漏れ電流の測定ができます。	三相回路の相順（相回転）を調べるのに使います。

⑦**検電器**	⑧**照度計**
電路の充電の有無を確認するのに使います。	照度の測定に使います。
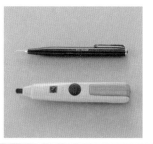	 

例題 31

写真に示す測定器の名称は。

イ．周波数計
ロ．検相器
ハ．照度計
ニ．クランプ形電流計

（令和2年度下期（午後）問い18）

解説・解答

　照度計は、照度を測定する測定器で、照明設置後に部屋の照度を測定するのに使います。

答え ハ

写真を覚えておこう!

「電気機器、配線器具ならびに電気工事用の材料および工具」の科目では、電気工事で使う、材料や機器、工具などの写真が3点程度出てきます。これらを覚えておくと、試験の点数アップにつながります。

●普段の生活でもよく目にするもの

出題されるもので、普段の生活の中でそれとなく見ているものも出題されます。コンセントや自動点滅器など、見かけたら「試験で出てくるもの」として気に留めておきましょう。

住宅やマンションの壁にある「防雨形コンセント」

電柱の街灯などにある「自動点滅器」

駅などの天井にある「ケーブルラック」

●特徴のある変わった形のもの

また、普段目にすることがない変わった形の材料や機器、工具もあります。特徴がはっきりして覚えやすいので、こういったものを覚えておくとよいでしょう。

丸い時計が特徴の「タイムスイッチ」

ワイヤとハンドルが特徴の「張線器」

閉じた和傘のような形をした「リーマ」

第4章

電気工事の
施工方法

この章では、多種多様な電気工事の施工方法を学びます。

施設場所で施工できる工事の種類、それぞれの工事方法のルールや施工方法、また、適切な施工方法、不適切な施工方法なども見ていきます。

実際の電気工事の作業にも直結する重要な科目ですので、数値なども含め、しっかりと覚えていきましょう！

01 # 電線接続

重要度 ★★★

電線接続の条件とリングスリーブによる終端接続、
また、絶縁テープによる被覆の方法について学びます

電線接続の条件

電線接続の条件は、次のとおりです。

①電線の電気抵抗を増加させない。

②電線の引張強さを20％以上減少させない。

③（リングスリーブE形、差込形コネクタなどの）接続管その他の器具を使用する、
または（ねじり接続など直接接続は）ろう付けする。

④接続部分の絶縁電線の絶縁物と同等以上の絶縁効力のある接続器を使用する、もしく
は同等以上の絶縁効力のあるもの（絶縁テープなど）で十分に被覆する。

 例題 1 単相100Vの屋内配線工事における絶縁電線相互の接続で、不適切
なものは。

　イ．絶縁電線の絶縁物と同等以上の絶縁効力のあるもので十分被覆した。

　ロ．電線の電気抵抗が10％増加した。

　ハ．終端部を圧着接続するのにリングスリーブ（E形）を使用した。

　ニ．電線の引張強さが15％減少した。

(令和4年度下期 午前 問い19)

解説・解答

電線接続の条件から、電線の電気抵抗が10％増加した**ロ**が、不適切になります。

答え ロ

 ワンポイント

電気抵抗を増加させると接続部分で温度が上昇し火災などが発生する可能性が
あります。

リングスリーブによる終端接続

VVF（600Vビニル絶縁ビニルシースケーブル）やIV（600Vビニル絶縁電線）の終端接続には、リングスリーブが使われます。

リングスリーブは接続する電線の太さと本数により、使用する大きさや圧着マーク（刻印）が決められています。その一覧は表のとおりです。

スリーブ	1.6mm同士	2.0mm同士	異なる組み合わせ	圧着マーク
小	2本	—	—	○
	3〜4本	2本	2.0mm×1本+1.6mm×1〜2本	小
中	5〜6本	3〜4本	2.0mm×1本+1.6mm×3〜5本	中
			2.0mm×2本+1.6mm×1〜3本	
大	7本	5本	2.0mm×1本+1.6mm×6本	大
			2.0mm×2本+1.6mm×4本	
			2.0mm×3本+1.6mm×2本	
			2.0mm×4本+1.6mm×1本	

例題2

低圧屋内配線工事で、600Vビニル絶縁電線（軟銅線）をリングスリーブ用圧着工具とリングスリーブ（E形）を用いて終端接続を行った。接続する電線に適合するリングスリーブの種類と圧着マーク（刻印）の組合せで、不適切なものは。

- **イ.** 直径2.0mm 3本の接続に、中スリーブを使用して圧着マークを**中**にした。
- **ロ.** 直径1.6mm 3本の接続に、小スリーブを使用して圧着マークを**小**にした。
- **ハ.** 直径2.0mm 2本の接続に、中スリーブを使用して圧着マークを**中**にした。
- **ニ.** 直径1.6mm 1本と直径2.0mm 2本の接続に、中スリーブを使用して圧着マークを**中**にした。

（2019年度下期 問い19）

解説・解答

直径2.0mm 2本の接続は、小スリーブを使用して圧着マークを小にしなければなりません。

よって中スリーブで圧着マークを中にしている**ハ**は不適切になります。

答え ハ

ワンポイント

より線では、2.0mm²が単線の1.6mmに、3.5mm²が単線の2.0mmに相当
します。

絶縁テープによる被覆の方法

絶縁テープを使って被覆する場合は、次のようにしなければなりません。

- 黒色粘着性ポリエチレン絶縁テープを用いる場合…半幅以上重ねて1回以上巻く（2層以上）
- ビニルテープを用いる場合…半幅以上重ねて2回以上巻く（4層以上）
- 自己融着性絶縁テープを用いる場合…半幅以上重ねて1回以上巻き（2層以上）、かつ、その上に保護テープを半幅以上重ねて1回以上巻く

> **例題3**
>
> 600Vビニル絶縁ビニルシースケーブル平形1.6mmを使用した低圧屋内配線工事で、絶縁電線相互の終端接続部分の絶縁処理として、不適切なものは。
> ただし、ビニルテープはJISに定める厚さ約0.2mmの電気絶縁用ポリ塩化ビニル粘着テープとする。
>
> **イ．** リングスリーブにより接続し、接続部分を自己融着性絶縁テープ（厚さ約0.5mm）で半幅以上重ねて1回（2層）巻き、更に保護テープ（厚さ約0.2mm）を半幅以上重ねて1回（2層）巻いた。
> **ロ．** リングスリーブにより接続し、接続部分を黒色粘着性ポリエチレン絶縁テープ（厚さ約0.5mm）で半幅以上重ねて2回（4層）巻いた。
> **ハ．** リングスリーブにより接続し、接続部分をビニルテープで半幅以上重ねて1回（2層）巻いた。
> **ニ．** 差込形コネクタにより接続し、接続部分をビニルテープで巻かなかった。
>
> （令和4年度下期 午後 問い19）

解説・解答

ビニルテープの場合、半幅以上重ねて2回以上（4層以上）巻かなければならないので、**ハ**は巻き数が足りず不適切です。

答え ハ

レッツ・トライ!

練習問題❶ 単相100Vの屋内配線工事における絶縁電線相互の接続で、不適切なものは。

イ. 絶縁電線の絶縁物と同等以上の絶縁効力のあるもので十分被覆した。

ロ. 電線の引張強さが15%減少した。

ハ. 電線相互を指で強くねじり、その部分を絶縁テープで十分被覆した。

ニ. 接続部の電気抵抗が増加しないように接続した。

（令和4年度上期 午前 問い19）

練習問題❷ 低圧屋内配線工事で、600Vビニル絶縁電線（軟銅線）をリングスリーブ用圧着工具とリングスリーブ（E形）を用いて接続を行った。
接続する電線に適合するリングスリーブの種類と圧着マーク（刻印）の組合せで、適切なものは。

イ. 直径1.6mm 1本と直径2.0mm 1本の接続に、小スリーブを使用して圧着マークを**小**にした。

ロ. 直径2.0mm 2本の接続に、小スリーブを使用して圧着マークを**○**にした。

ハ. 直径1.6mm 4本の接続に、中スリーブを使用して圧着マークを**中**にした。

ニ. 直径1.6mm 2本と直径2.0mm 1本の接続に、中スリーブを使用して圧着マークを**中**にした。

（平成30年度上期 問い19）

解答

練習問題❶ ハ

電線相互をねじって接続する場合、ろう付けしなければなりません。

練習問題❷ イ

直径1.6mm 1本と2.0mm 1本は小スリーブで圧着マークは小になります。

02 低圧屋内配線の接地工事

重要度 ★★★

接地工事の種類とそれぞれの適用条件、接地抵抗値、接地線の太さ、また、省略の条件を学びます

接地工事の種類

　低圧屋内配線で使われる接地工事は300Vを超える場合はC種接地工事、300V以下の場合はD種接地工事になります。C種接地工事とD種接地工事の抵抗値と接地線の太さは、次のとおりです。

接地工事の種類	適用条件	接 地 抵 抗 値		接地線の太さ
C種接地工事	300Vを超え低圧用のもの	10Ω以下	0.5秒以内に自動的に電路を遮断する装置を設けた場合は500Ω以下	1.6mm
D種接地工事	300V以下の低圧用のもの	100Ω以下		

　なお、接地線として使用できる移動電線の太さでは、多心コードまたは多心キャブタイヤケーブルでは0.75mm²、可とう性を持つ軟銅より線では1.25mm²になります。

例題4
床に固定した定格電圧200V、定格出力1.5kWの三相誘導電動機の鉄台に接地工事をする場合、接地線（軟銅線）の太さと接地抵抗値の組合せで、不適切なものは。
ただし、漏電遮断器を設置しないものとする。

イ. 直径1.6mm、10Ω　　　　**ロ.** 直径2.0mm、50Ω
ハ. 公称断面積0.75mm²、5Ω　　**ニ.** 直径2.6mm、75Ω

（令和4年度上期 午後 問い22）

解説・解答

　設問の接地工事では300V以下ですので、D種接地工事になり1.6mm以上で、より線の場合はほぼ同じ太さに相当する2.0mm²以上でなければなりません。よって0.75mm²の接地線の太さは不適切です。また、接地抵抗値は100Ω以下ですので、選択肢の数値はいずれも基準を満たしています。

答え ハ

低圧屋内配線での接地工事の省略

①300V以下の電気機械器具の鉄台・外箱の施工

300V以下の電気機械器具の鉄台・外箱の施工は、次の場合D種接地を省略できます。

- 対地電圧が150V以下の電気機械器具を乾燥した場所に施設する場合
- 低圧用の電気機械器具を乾燥した木製の床など絶縁性のものの上で取り扱うように施設する場合（コンクリートは不可）
- 電気用品安全法の適用を受ける２重絶縁の構造の電気機械器具を施設する場合
- 電源側に絶縁変圧器（二次側電圧が300V以下、定格容量3kW以下）を施設し、負荷側の回路を接地しない場合
- 水気のある場所以外の場所に施設する低圧用の電気機械器具に電気を供給する回路に電流動作型漏電遮断器（定格感度電流15mA以下、動作時間0.1秒以下）を施設する場合
- 金属製外箱等の周囲に適当な絶縁台を設ける場合
- 外箱のない計器用変成器がゴム、合成樹脂その他絶縁物で被覆したものである場合
- 低圧用もしくは高圧用の電気機械器具を、木柱その他これに類するものの上で、人の触れるおそれがない高さに施設する場合

②使用電圧300V以下の金属管工事

使用電圧300V以下の金属管工事は、次の場合D種接地を省略することができます。

- 管の長さが4m以下のものを乾燥した場所に施設する場合
- 対地電圧150V以下で管の長さが8m以下のものに簡易接触防護措置（金属製のもので防護する方法を除く）を施す、または乾燥した場所に施設する場合

例題 5

D種接地工事を省略できないものは。
ただし、電路には定格感度電流30mA、定格動作時間が0.1秒の漏電遮断器が取り付けられているものとする。

- イ．乾燥した場所に施設する三相200V（対地電圧200V）動力配線の電線を収めた長さ3mの金属管。
- ロ．乾燥した場所に施設する単相3線式100/200V（対地電圧100V）配線の電線を収めた長さ6mの金属管。
- ハ．乾燥した木製の床の上で取り扱うように施設する三相200V（対地電圧200V）空気圧縮機の金属製外箱部分。
- ニ．乾燥した場所のコンクリートの床に施設する三相200V（対地電圧200V）誘導電動機の鉄台。

（令和4年度下期 午後 問い22）

ニのコンクリートの床は絶縁性のものではないので、D種接地工事を省略できません。

答え ニ

練習問題③ 機械器具の金属製外箱に施すD種接地工事に関する記述で、不適切なものは。

イ．三相200V電動機外箱の接地線に直径1.6mmのIV電線を使用した。

ロ．単相100V移動式の電気ドリル（一重絶縁）の接地線として多心コードの断面積0.75mm²の1心を使用した。

ハ．単相100Vの電動機を水気のある場所に設置し、定格感度電流15mA、動作時間0.1秒の電流動作型漏電遮断器を取り付けたので、接地工事を省略した。

ニ．一次側200V、二次側100V、3kV・Aの絶縁変圧器（二次側非接地）の二次側電路に電動丸のこぎりを接続し、接地を施さないで使用した。

（令和4年度上期 午前 問い22）

練習問題④ D種接地工事を省略できないものは。
ただし、電路には定格感度電流15mA、動作時間が0.1秒以下の電流動作型の漏電遮断器が取り付けられているものとする。

イ．乾燥した場所に施設する三相200V（対地電圧200V）動力配線の電線を収めた長さ3mの金属管。

ロ．乾燥した木製の床の上で取り扱うように施設する三相200V（対地電圧200V）空気圧縮機の金属製外箱部分。

ハ．水気のある場所のコンクリートの床に施設する三相200V（対地電圧200V）誘導電動機の鉄台。

ニ．乾燥した場所に施設する単相3線式100/200V（対地電圧100V）配線の電線を収めた長さ7mの金属管。

（令和3年度下期 午前 問い20）

解答

練習問題③ ハ

　接地工事省略の条件では「水気のある場所以外の場所に施設する低圧用の電気機械器具に電気を供給する電路に電流動作型漏電遮断器（定格感度電流15mA以下、動作時間0.1秒以下）を施設する場合」となっています。ハは水気のある場所ですので不適切になります。

練習問題④ ハ

　D種接地工事省略の条件では「低圧用の電気機械器具を乾燥した木製の床など絶縁性のものの上で取り扱うように施設する場合」となっています。ハの水気のある場所で、さらにコンクリートの床も絶縁性のものとみなされていないので、D種接地工事を省略できません。

💡ワンポイント

<u>接地抵抗値や接地線の太さ</u>は後の問題でも出てきます。

接地工事は配線図でも多く出題されていますので、ここで覚えておきましょう！

第4章　電気工事の施工方法

03 施設場所による工事の種類と図記号

施設場所の区分による施工できる工事の種類と
低圧屋内配線の図記号と電線管の記号を学びます

配線工事の種類

低圧屋内配線では、施設場所によって、施工できる工事が決まっています（危険物などのある特殊な場所を除く）。

工事の種類と施設場所の関係を、次の表で示します。

施設場所の区分		工事の種類									
		がいし引き工事	合成樹脂管工事	金属管工事	金属可とう電線管工事	金属線ぴ工事	金属ダクト工事	バスダクト工事	ケーブル工事	ライティングダクト工事	平形保護層工事
展開した場所	乾燥した場所	●	●	●	●	●	●	●	●	●	
	湿気の多い場所または水気のある場所	●	●	●	●			●	●		
点検できる隠ぺい場所	乾燥した場所	●	●	●	●	●	●	●	●	●	
	湿気の多い場所または水気のある場所	●	●	●	●				●		
点検できない隠ぺい場所	乾燥した場所		●	●	●				●		
	湿気の多い場所または水気のある場所		●	●	●				●		

例題6

使用電圧100Vの屋内配線の施設場所による工事の種類として、適切なものは。

イ. 点検できない隠ぺい場所であって、乾燥した場所の金属線ぴ工事

ロ. 点検できない隠ぺい場所であって、湿気の多い場所の平形保護層工事

ハ. 展開した場所であって、湿気の多い場所のライティングダクト工事

ニ. 展開した場所であって、乾燥した場所の金属ダクト工事

（令和2年度下期 午後 問い20）

解説・解答

展開した場所で、乾燥した場所の金属ダクト工事が適切です。

答え ニ

低圧屋内配線の図記号

低圧屋内配線の図記号に関する問題も出題されます。配線図では、さらに詳細な問題が出題されますので、ここで慣れておきましょう。

配線の図記号は、表のように実線は天井隠ぺい配線工事、短い点線は露出配線工事、長い点線は床隠ぺい配線工事、一点鎖線は地中埋設配線になります。

また、電線管の種類は、表のような記号がカッコ内に表示されます。

配線の種類	天井隠ぺい配線	露出配線
図　記　号	———————	-------------------
配線の種類	床隠ぺい配線	地中埋設配線
図　記　号	— — — — —	— · — · — · —

配管の種類	記号
厚鋼電線管／薄鋼電線管	なし
ねじなし電線管	E
PF管（合成樹脂製可とう電線管）	PF
CD管（合成樹脂製可とう電線管）	CD
硬質塩化ビニル電線管	VE
波付硬質合成樹脂管	FEP
2種金属製可とう電線管	F2
1種金属製線ぴ	MM1
2種金属製線ぴ	MM2
耐衝撃性硬質塩化ビニル電線管	HIVE

例題 7 低圧屋内配線の図記号と、それに対する施工方法の組合せとして、正しいものは。

イ. ------///------ 厚鋼電線管で天井隠ぺい配線。
　　IV1.6（E19）

ロ. ———///——— 硬質ポリ塩化ビニル電線管で露出配線。
　　IV1.6（PF16）

ハ. ———///——— 合成樹脂製可とう電線管で天井隠ぺい配線。
　　IV1.6（16）

ニ. ------///------ 2種金属製可とう電線管で露出配線。
　　IV1.6（F2 17）

（令和4年度上期 午前 問い21）

解説・解答

イの短い点線は露出配線の記号、**ロ**の（PF16）は合成樹脂製可とう電線管、**ハ**の（16）は厚鋼電線管を表すので、すべて誤りです。**ニ**だけが正しいものになります。

答え ニ

練習問題❺ 次表は使用電圧100Vの屋内配線の施設場所による工事の種類を示す表である。

表中のa～fのうち、「施設できない工事」を全て選んだ組合せとして、正しいものは。

イ. a
ロ. b、f
ハ. e
ニ. e、f

施設場所の区分	工事の種類		
	金属線ぴ工事	金属管工事	金属ダクト工事
点検できる隠ぺい場所で乾燥した場所	a	c	e
展開した場所で湿気の多い場所	b	d	f

（令和4年度下期 午後 問い20）

解答

練習問題❺ ロ

金属線ぴ工事と金属ダクト工事は湿気の多い場所では施工できません。

ワンポイント

工事の種類は、大まかにどこでもできる工事とできない工事に分けて覚えましょう。

金属管工事、金属可とう電線管工事（以上は木造屋側配線工事以外）、合成樹脂管工事、ケーブル工事はどの施設場所でも工事できるので、これらを中心に覚えておきましょう！

04 金属管工事、金属可とう電線管工事の施工

金属管工事と金属可とう電線管工事において
禁止されている施工とその特徴について学びます

電磁的不平衡とは…

電磁的平衡とは、同じ管内の電線の右方向に流れる電流（プラスの電流）と左方向に流れる電流（マイナスの電流）が同じ値で、お互いの電流が相殺して、金属管内に磁力線が発生しない状態をいいます。

電磁的不平衡はこの逆で、管内の電線の電流によって、金属管内に磁力線が生じ、加熱したり、うなり音が発生したりします。これらを防ぐため、電磁的平衡を取る必要があります。そのためには、**同一管内には同じ回路の電線をすべて入れる必要があります。**

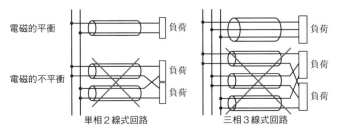

例題8

電磁的不平衡を生じないように、電線を金属管に挿入する方法として、適切なものは。

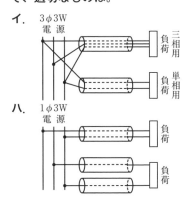

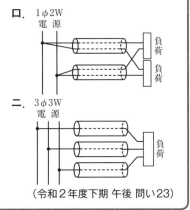

（令和2年度下期 午後 問い23）

金属管の管内には、必ず1回線の電線をすべて収める必要があります。これは、電磁的平衡を取るためです。もし電磁的平衡が取れない場合、管内を流れる電流によって金属管内に磁力線が生じ、電流が大きくなると加熱したり、うなりが生じたりします。

1回線すべてを同じ管内に収めることにより、右方向に流れる電流と左方向に流れる電流が相殺し、電流の瞬時値がゼロの状態になり（電磁的平衡状態）、こうした現象の発生を防ぐことができます。

答え イ

金属管とアウトレットボックスとを電気的に接続する方法

金属管工事では、金属管とボックスなどを電気的に完全に接続する必要があります。

そのため、金属管工事でアウトレットボックスを使用する場合、図のような方法で金属管とアウトレットボックスを接続します。

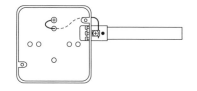

例題 9　金属管工事で金属管とアウトレットボックスとを電気的に接続する方法として、施工上、最も適切なものは。

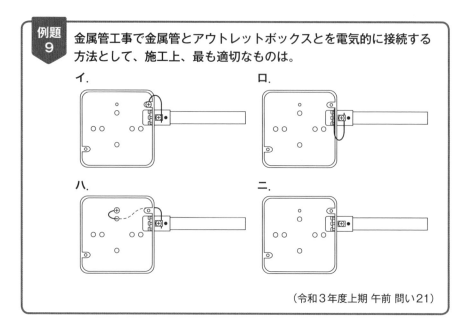

イ.

ロ.

ハ.

ニ.

（令和3年度上期 午前 問い21）

解説・解答

　ねじなしボックスコネクタの接地端子から、アウトレットボックスの裏側から接地線（ボンド線）を通し、ボックスの接地端子に接続します。

答え ハ

雨線外に施設する場合

　屋外で金属管の末端に取り付ける材料には、エントランスキャップとターミナルキャップがあります。エントランスキャップは雨が浸入しないように入線する角度に傾斜がついていますが、ターミナルキャップは直角になっています。

エントランスキャップ　　ターミナルキャップ

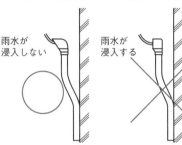

雨水が浸入しない　　雨水が浸入する

　雨線外に施設する金属管工事では、垂直配管の上端部にはエントランスキャップを、水平配管の末端部にはターミナルキャップもしくはエントランスキャップを使います。

　雨が浸入する恐れがあるので、**垂直配管の上端部には、ターミナルキャップを使えません。**

ワンポイント

水平配管の末端部には、ターミナルキャップ、エントランスキャップ両方使えますので、ターミナルキャップが使えない垂直配管の上端部を覚えておきましょう。

図に示す雨線外に施設する金属管工事の末端Ⓐ又はⒷ部分に使用するものとして、不適切なものは。

イ．Ⓐ部分にエントランスキャップを使用した。

ロ．Ⓐ部分にターミナルキャップを使用した。

ハ．Ⓑ部分にエントランスキャップを使用した。

ニ．Ⓑ部分にターミナルキャップを使用した。

（平成26年度下期 問い23）

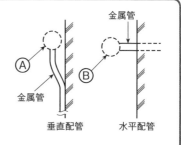

解説・解答

　直角に電線が入るターミナルキャップを垂直配管の末端に使うと、降雨時に雨水が浸入する恐れがあります。垂直配管の末端には、エントランスキャップを使います。エントランスキャップは雨水が浸入しないように、電線の入口に角度をつけています。

　逆にエントランスキャップを水平配管の末端に使用しても問題ありません。

答え ロ

金属可とう電線管工事の施工

　金属可とう電線管工事では、次のように施工しなければなりません。

- ・2種金属製可とう電線管を使用　　・電線管内では接続点を設けない
- ・絶縁電線（600V屋外用ビニル電線（OW）を除く）を使用する
- ・金属製可とう電線管の屈曲部の内側の曲げ半径は、管の内径の6倍以上とする
- ・管相互及び管とボックスとは、堅ろうに、かつ、電気的に完全に接続する
- ・300V以下の場合はD種接地工事を施す。ただし4m以下の場合、省略できる
　また付属品は、次のとおりです。

①**金属管との接続**…コンビネーションカップリング

②**管とボックスとの接続**…ストレートボックスコネクタ

ワンポイント

金属製可とう電線管の付属品は、配線図の問題でも出てきます。

例題 11 使用電圧200Vの電動機に接続する部分の金属可とう電線管工事として、不適切なものは。

ただし、管は2種金属製可とう電線管を使用する。

- **イ**. 管とボックスとの接続にストレートボックスコネクタを使用した。
- **ロ**. 管の長さが6mであるので、電線管のD種接地工事を省略した。
- **ハ**. 管の内側の曲げ半径を管の内径の6倍以上とした。
- **ニ**. 管と金属管（鋼製電線管）との接続にコンビネーションカップリングを使用した。

（令和4年度下期 午前 問い23）

解説・解答

イは、ストレートボックスコネクタを使うので適切です。

ロは、D種接地工事が省略できる長さは4m以下なので不適切です。

ハは、2種金属製可とう電線管の曲げ半径は管の内径の6倍以上なので適切です。

ニは、接続をする材料はコンビネーションカップリングなので適切です。

答え ロ

レッツ・トライ!

練習問題⑥ 低圧屋内配線の金属可とう電線管（使用する電線管は2種金属製可とう電線管とする）工事で、不適切なものは。

- **イ**. 管の内側の曲げ半径を管の内径の6倍以上とした。
- **ロ**. 管内に600Vビニル絶縁電線を収めた。
- **ハ**. 管とボックスとの接続にストレートボックスコネクタを使用した。
- **ニ**. 管と金属管（鋼製電線管）との接続にTSカップリングを使用した。

（令和3年度上期 午前 問い23）

解答

練習問題⑥ ニ

2種金属製可とう電線管と鋼製電線管との接続にはコンビネーションカップリングが使われます。

05 合成樹脂管工事の施工

合成樹脂管工事の施工時の条件や施工方法、
また、CD管が施設できる場所について学びます

硬質ポリ塩化ビニル電線管の施工

硬質ポリ塩化ビニル電線管の施工では、次のように施工しなければなりません。

• 管相互及び管とボックスとの接続では、**接着剤を使用する場合は管の差込深さを管の外径の0.8倍以上、使用しない場合は1.2倍以上とする**

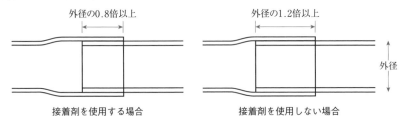

外径の0.8倍以上	外径の1.2倍以上	外径
接着剤を使用する場合	接着剤を使用しない場合	

• 屈曲部の内側の曲げ半径は管の内径の6倍以上にする
• 管の支持点間の距離は1.5m以下とする

例題 12 　**硬質ポリ塩化ビニル電線管による合成樹脂管工事として、不適切なものは。**

　イ．管の支持点間の距離は2mとした。

　ロ．管相互及び管とボックスとの接続で、専用の接着剤を使用し、管の差込み深さを管の外径の0.9倍とした。

　ハ．湿気の多い場所に施設した管とボックスとの接続箇所に、防湿装置を施した。

　ニ．三相200V配線で、簡易接触防護措置を施した場所に施設した管と接続する金属製プルボックスに、D種接地工事を施した。

（令和4年度上期 午前 問い23）

解説・解答

　硬質ポリ塩化ビニル電線管の接続で、管の支持点間の距離は1.5m以下としなければなりません。

答え　イ

CD管の施設

CD管（合成樹脂製可とう電線管）は、次のような工事でのみ施設できます。

- 直接コンクリートに埋め込んでの施設
- 専用の不燃性または自己消火性のある難燃性の管またはダクトに収めて施設する

それ以外の屋内配線では使用できないので、注意が必要です。

 ワンポイント

CD管はコンクリート埋設以外の屋内配線では、使われません。

例題13

木造住宅の単相3線式100/200V屋内配線工事で、不適切な工事方法は。

ただし、使用する電線は600Vビニル絶縁電線、直径1.6mm（軟銅線）とする。

イ. 合成樹脂製可とう電線管（CD管）を木造の床下や壁の内部及び天井裏に配管した。

ロ. 合成樹脂製可とう電線管（PF管）内に通線し、支持点間の距離を1.0mで造営材に固定した。

ハ. 同じ径の硬質ポリ塩化ビニル電線管（VE）2本をTSカップリングで接続した。

ニ. 金属管を点検できない隠ぺい場所で使用した。

（令和4年度下期 午前 問い21）

解説・解答

CD管は、直接コンクリートに埋め込んで施設するか、専用の不燃性もしくは自己消火性のある難燃性の管またはダクトに収めて施設する必要があります。

設問では、「木造の床下や壁の内部及び天井裏に配管」となっていますので、不適切です。

答え　イ

屋内配線の配管で使う合成樹脂製可とう電線管は、一般的にPF管になります！

 レッツ・トライ！

練習問題⑦ 低圧屋内配線の合成樹脂管工事で、合成樹脂管（合成樹脂製可とう電線管及びCD管を除く）を造営材の面に沿って取り付ける場合、管の支持点間の距離の最大値［m］は。

イ. 1　　ロ. 1.5　　ハ. 2　　ニ. 2.5

（令和4年度上期 午後 問い23）

解答

練習問題⑦ ロ

　合成樹脂管工事では合成樹脂管の支持点間の距離を1.5m以下としなければなりません。また支持点は管端、管とボックスとの接続点および管相互の接続点のそれぞれ近くの箇所に設けなければなりません。

06 ライティングダクト工事、金属線ぴ工事、ショウウインドー内の配線

ライティングダクト工事、金属線ぴ工事、ショウウインドー内の配線の施工や条件について学びます

ライティングダクト工事の施工

ライティングダクト工事では、次のように施工しなければなりません。

- ダクトの支持点間の距離は**2m以下**とする
- ダクトの終端部は**閉そく**する
- ダクトの開口部は**下に向けて**施設する。ただし簡易接触防護措置を施し、ダクトの内部にじんあいが侵入し難いように施設する場合、**横向き**に施設できる

またダクトには**D種接地工事**を施さなければなりませんが、以下の場合省略することができます。

- 絶縁物で金属部分を被覆
- 対地電圧150V以下でダクトの長さが4m以下

例題 14

使用電圧300V以下の低圧屋内配線の工事方法として、**不適切な**ものは。

イ. 金属可とう電線管工事で、より線（600Vビニル絶縁電線）を用いて、管内に接続部分を設けないで収めた。

ロ. ライティングダクト工事で、ダクトの開口部を上に向けて施設した。

ハ. フロアダクト工事で、電線を分岐する場合、接続部分に十分な絶縁被覆を施し、かつ、接続部分を容易に点検できるようにして接続箱（ジャンクションボックス）に収めた。

ニ. 金属ダクト工事で、電線を分岐する場合、接続部分に十分な絶縁被覆を施し、かつ、接続部分を容易に点検できるようにしてダクトに収めた。

（平成24年度上期 問い19）

解説・解答

ライティングダクトは開口部を下に向けて施設するか、簡易接触防護措置を施し、ダクトの内部にじんあいが侵入しがたいように施設する場合、横に向けて施設するか、

のいずれかでなければなりません。

よって、ダクトの開口部を上に向けて施設する工事方法は不適切になります。

金属線ぴ工事の施工

金属線ぴ工事では、線ぴにはD種接地工事を施す必要があります。ただし、次の場合は省略できます。

- 線ぴの長さが4m以下のものを施設する場合
- 屋内配線の使用電圧が交流対地電圧150V以下の場合、線ぴの長さが8m以下のものに簡易接触防護措置を施す、または乾燥した場所に施設するとき

また、線ぴ内では、電線に接続点を設けてはなりません。ただし次に適合する場合は、この限りでありません。

- 電線を分岐する場合であること
- 電気用品安全法の適用を受けた2種金属製線ぴであること
- 接続点を容易に点検できるように施設すること
- D種接地工事を施すこと（省略は不可）

例題 15

低圧屋内配線の工事方法として、不適切なものは。

イ．金属可とう電線管工事で、より線（絶縁電線）を用いて、管内に接続部分を設けないで収めた。

ロ．ライティングダクト工事で、ダクトの開口部を下に向けて施設した。

ハ．金属線ぴ工事で、長さ3mの2種金属製線ぴ内で電線を分岐し、D種接地工事を省略した。

ニ．金属ダクト工事で、電線を分岐する場合、接続部分に十分な絶縁被覆を施し、かつ、接続部分を容易に点検できるようにしてダクトに収めた。

（令和2年度下期 午前 問い20）

解説・解答

金属線ぴ工事では、線ぴ内で電線を分岐した場合、D種接地工事の省略はできません。

ショウウインドー・ショウケース内の配線工事

　ショウウインドーまたはショウケース内の配線では以下の条件で、コードもしくはキャブタイヤケーブルを造営材に接触する形で施設できます。

- 使用電圧は300V以下
- 外部から見えやすい箇所
- 乾燥した場所で、内部が乾燥しているショウウインドー、またはショウケース
- 使用する電線は**断面積0.75mm²以上のコード**またはキャブタイヤケーブル
- 電線には電球または器具の重量を支持させない
- 絶縁性のある造営材に適当な留め具で1m以下の間隔で取り付ける
- ショウウインドーまたはショウケース内の配線またはこれに接続する移動電線と他の低圧屋内配線との接続には、差込み接続器その他これに類する器具を用いる

例題 16

100Vの低圧屋内配線に、ビニル平形コード（断面積0.75mm²）2心を絶縁性のある造営材に適当な留め具で取り付けて、施設することができる場所又は箇所は。

イ. 乾燥した場所に施設し、かつ、内部を乾燥状態で使用するショウウインドー内の外部から見えやすい箇所

ロ. 木造住宅の人の触れるおそれのない点検できる押し入れの壁面

ハ. 木造住宅の和室の壁面

ニ. 乾燥状態で使用する台所の床下収納庫

（平成27年度下期 問い23）

解説・解答

　低圧屋内配線では、原則としてコードを直接造営材に取り付けて配線することを禁止しています。例外として、ショウウインドーやショウケースの外部から見えやすい、乾燥した場所に配線することができます。

答え　イ

ビニル平形コードの使える場所は限られます。

レッツ・トライ！

練習問題⑧ 使用電圧300V以下の低圧屋内配線の工事方法として、不適切なものは。

イ．金属可とう電線管工事で、より線（600Vビニル絶縁電線）を用いて、管内に接続部分を設けないで収めた。

ロ．フロアダクト工事で、電線を分岐する場合、接続部分に十分な絶縁被覆を施し、かつ、接続部分を容易に点検できるようにして接続箱（ジャンクションボックス）に収めた。

ハ．金属ダクト工事で、電線を分岐する場合、接続部分に十分な絶縁被覆を施し、かつ、接続部分を容易に点検できるようにしてダクトに収めた。

ニ．ライティングダクト工事で、ダクトの終端部は閉そくしないで施設した。

（平成28年度上期 問い22）

解答

練習問題⑧ ニ

ライティングダクトの終端部は、エンドキャップなどを使って必ず閉そくしなければなりません。よって、ニの工事方法は不適切になります。

ライティングダクト工事は施工できる条件がありますので確認しておきましょう！

07 ケーブル工事、フロアダクト工事の施工

ケーブル工事の施工の注意点、壁貫通や屋側配線工事、
フロアダクト工事の接地工事について学びます

ケーブル工事の施工

VVFやCVなどケーブルを用いた工事で、天井隠ぺい配線は「転がし配線」などと呼ばれます。

ケーブル工事は、次のように施工を行わなければなりません。

2m以下
屈曲部の内側半径はケーブルの外径の6倍以上
6m以下

- ケーブル支持点間の距離は、造営材の下面または側面に沿って取り付ける場合は**2m以下**、接触防護措置を施した場所において垂直に取り付ける場合は**6m以下**とする
- 屈曲部の内側の半径はケーブルの外径の**6倍以上**とする
- 防護装置の金属製部分は金属管工事に準じた**接地工事を施す**（対地電圧150V以下は8m以下は省略可）
- コンクリートに電線を直接埋め込んで施設する場合は、臨時配線工事を除きMIケーブルかコンクリート直接埋設用のケーブルを使用する
- 金属製遮へい層のない電話用弱電流電線と**同一管内に収めて施設してはならない**
- 弱電流電線、水管、ガス管と**接触しないように施設する**

例題 17

100/200Vの低圧屋内配線工事で、**600Vビニル絶縁ビニルシースケーブルを用いたケーブル工事の施工方法として、適切な**ものは。

イ. 防護装置として使用した金属管の長さが10mであったが、乾燥した場所であるので、金属管にD種接地工事を施さなかった。

ロ. 丸形ケーブルを、屈曲部の内側の半径をケーブル外径の6倍にして曲げた。

ハ. 建物のコンクリート壁の中に直接埋設した（臨時配線工事の場合を除く）。

ニ. 金属製遮へい層のない電話用弱電流電線と共に同一の合成樹脂管に収めた。

（平成28年度上期 問い21）

　金属管工事では、対地電圧150V以下の場合、管の長さが8m以下のものに簡易接触防護措置（金属製のもの以外）を施すとき、もしくは乾燥した場所に施設する場合、D種接地工事を省略することができます。**イ**は8mを超えていますので、D種接地を省略することはできません。

　ケーブル工事では、屈曲部の内側の半径はケーブル外径の6倍以上となっていますので、**ロ**の施工方法は適切です。

　600Vビニル絶縁ビニルシースケーブルは、臨時配線工事の場合を除いて、コンクリートに直接埋設してはなりませんので、**ハ**の施工方法は不適切です。

　また、低圧配線の電線と電話用弱電流電線を同一の管内に収めてはなりませんので、**ニ**の施工方法は不適切です。

　よってこの中で適切な施工方法は、**ロ**になります。

答え ロ

ワンポイント

複数の工事方法から出題される場合もありますので、それぞれの工事方法について知っておく必要があります。

木造造営物の金属板張りの壁貫通

　木造造営物の金属板張りやメタルラス張りなどの壁を貫通する場合、次のように施工しなければなりません。

- がいし引き工事の場合、それぞれの電線を別個の難燃性、耐久性のある絶縁管に収めて施設する
- 金属管工事、金属可とう電線管工事、金属ダクト工事、バスダクト工事、ケーブル工事で施工する場合は、金属板（金属製のサイディングなど）やメタルラスに電気的に接続しないようにし、貫通する金属板、メタルラスを十分に切り開き、貫通する部分を合成樹脂管など耐久性のある絶縁管に収めるか耐久性のある絶縁テープを巻いて電気的に絶縁する

壁貫通

> **例題 18**
>
> 木造住宅の金属板張り（金属系サイディング）の壁を貫通する部分の低圧屋内配線工事として、適切なものは。
> ただし、金属管工事、金属可とう電線管工事に使用する電線は、600Vビニル絶縁電線とする。
>
> **イ.** ケーブル工事とし、壁の金属板張りを十分に切り開き、600Vビニル絶縁ビニルシースケーブルを合成樹脂管に収めて電気的に絶縁し、貫通施工した。
>
> **ロ.** 金属管工事とし、壁に小径の穴を開け、金属板張りと金属管とを接触させ金属管を貫通施工した。
>
> **ハ.** 金属可とう電線管工事とし、壁の金属板張りを十分に切り開き、金属製可とう電線管を壁と電気的に接続し、貫通施工した。
>
> **ニ.** 金属管工事とし、壁の金属板張りと電気的に完全に接続された金属管にD種接地工事を施し、貫通施工した。
>
> （平成30年度下期 問い20）

解説・解答

　木造住宅の金属板張りの工事で、金属板張りの壁を貫通する場合は、壁の金属板張りを十分に切り開き、耐久性のある絶縁管に収める、または耐久性のある絶縁テープで巻くなどして、電気的に金属板と接続しないようにしなければなりません。

答え イ

屋側配線工事

　屋側配線工事では、次の工事で施工しなければなりません。

- がいし引き工事
- 合成樹脂管工事
- 金属管工事（木造以外の造営物に施設する場合に限る）
- 金属可とう電線管工事（木造以外の造営物に施設する場合に限る）
- バスダクト工事（木造以外の造営物に施設する場合に限る）
- ケーブル工事（金属被のないもの）

屋側配線

木造造営物の場合、屋側配線工事ができるのは、①がいし引き工事（展開した場所に限る）、②合成樹脂管工事、③ケーブル工事（金属被のないもの）になります。

例題 19

同一敷地内の車庫へ使用電圧100Vの電気を供給するための低圧屋側配線部分の工事として、不適切なものは。

- **イ.** 600V架橋ポリエチレン絶縁ビニルシースケーブル（CV）によるケーブル工事
- **ロ.** 硬質ポリ塩化ビニル電線管（VE）による合成樹脂管工事
- **ハ.** 1種金属製線ぴによる金属線ぴ工事
- **ニ.** 600Vビニル絶縁ビニルシースケーブル丸形(VVR)によるケーブル工事

（令和4年度下期 午前 問い20）

解説・解答

金属線ぴ工事は低圧屋側配線部分の施設では、不適切になります。

答え ハ

スイッチボックス部分の回路

スイッチボックス部分の回路も出題されます。スイッチによってさまざまな回路が想定されますが、近年よく出題されている確認表示灯のスイッチ、パイロットランプ異時点滅の回路は下のとおりです。

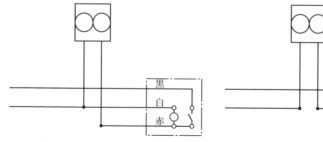

確認表示灯（パイロットランプ）の回路　　　　パイロットランプ異時点滅の回路

例題 20

図に示す一般的な低圧屋内配線の工事で、スイッチボックス部分におけるパイロットランプの異時点滅（負荷が点灯していないときパイロットランプが点灯）回路は。

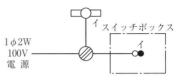

パイロットランプ○は、異時点滅とする。

ただし、ⓐは電源からの非接地側電線（黒色）、ⓑは電源からの接地側電線（白色）を示し、負荷には電源からの接地側電線が直接に結線されているものとする。

なお、パイロットランプは100V用を使用する。

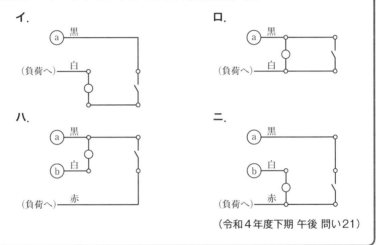

（令和4年度下期 午後 問い21）

解説・解答

パイロットランプが異時点滅ですので、ロの回路になります。

答え ロ

フロアダクト工事の接地工事

フロアダクト工事は、短くてもD種接地工事をする必要があります。

例題 21 100Vの低圧屋内配線工事で、不適切なものは。

イ. フロアダクト工事で、ダクトの長さが短いのでD種接地工事を省略した。

ロ. ケーブル工事で、ビニル外装ケーブルと弱電流電線が接触しないように施設した。

ハ. 金属管工事で、ワイヤラス張りの貫通箇所のワイヤラスを十分に切り開き、貫通部分の金属管を合成樹脂管に収めた。

ニ. 合成樹脂管工事で、その管の支持点間の距離を1.5mとした。

(2019年度上期 問い20)

解説・解答

フロアダクト工事では、ダクトの長さによるD種接地工事の省略はありません。短い場合もD種接地工事が必要になります。

答え イ

レッツ・トライ！

練習問題⑨ ケーブル工事による低圧屋内配線で、ケーブルと弱電流電線の接近又は交差する箇所がa〜dの4箇所あった。a〜dのうちから適切なものを全て選んだ組合せとして、正しいものは。

a：弱電流電線と交差する箇所で接触していた。
b：弱電流電線と重なり合って接触している長さが3mあった。
c：弱電流電線と接触しないように離隔距離を10cm離して施設していた。
d：弱電流電線と接触しないように堅ろうな隔壁を設けて施設していた。

イ. dのみ　　　　　　　　　**ロ.** c、d
ハ. b、c、d　　　　　　　　**ニ.** a、b、c、d

(令和3年度上期 午前 問い22)

練習問題⑩ 木造住宅の金属板張り（金属系サイディング）の壁を貫通する部分の低圧屋内配線工事として、適切なものは。

ただし、金属管工事、金属可とう電線管工事に使用する電線は、600Vビニル絶縁電線とする。

イ．金属管工事とし、壁の金属板張りと電気的に完全に接続された金属管にD種接地工事を施し、貫通施工した。

ロ．金属管工事とし、壁に小径の穴を開け、金属板張りと金属管とを接触させ金属管を貫通施工した。

ハ．金属可とう電線管工事とし、壁の金属板張りを十分に切り開き、金属製可とう電線管を壁と電気的に接続し、貫通施工した。

ニ．ケーブル工事とし、壁の金属板張りを十分に切り開き、600Vビニル絶縁ビニルシースケーブルを合成樹脂管に収めて電気的に絶縁し、貫通施工した。

（平成28年度下期 問い23）

解答

練習問題⑨ **ロ**

電気設備の技術基準の解釈では「弱電流電線などまたは水管、ガス管もしくはこれらに類するものについて、ケーブル工事により施設する低圧配線が、接近しまたは交差する場合に接触しないように施設すること」とされています。

練習問題⑩ **ニ**

木造住宅の金属板張りの工事で、金属板張りの壁を貫通する場合は、壁の金属板張りを十分に切り開き、耐久性のある絶縁管に収める、または耐久性のある絶縁テープで巻くなどして、電気的に金属板と接続しないようにしなければなりません。

💡 **ワンポイント**

木造住宅の金属板張り工事で、壁を貫通する場合に電気的に完全に絶縁して、ケーブルなどを保護するのは漏電火災などの事故を防ぐためです。

08 三相電動機回路の施工と ルームエアコンの施設

さまざまな工事を使った三相電動機回路の施工と
ルームエアコンの施設について学びます

三相電動機回路の施工

三相電動機回路は、金属管工事、2種金属製可とう電線管を使った金属可とう電線管工事、ケーブル工事などで施工されます。

それぞれの施工について知っておくことが重要になります。

①金属管工事

- 屋外ビニル絶縁電線（OW）以外の絶縁電線を使用する
- 300V以下の場合、乾燥した場所の4m以下でD種接地工事が省略できる

②ケーブル工事（600Vビニル絶縁ビニルシースケーブルの場合）

- 造営材に沿って取り付ける際、支持点間の距離を2m以下

③金属可とう電線管工事

- 2種金属製可とう電線管を使用する
- 1種金属製可とう電線管の使用は、展開した場所または点検できる隠ぺい場所で、乾燥した場所に限られる

例題 22

使用電圧200Vの三相電動機回路の施工方法で、不適切なものは。

イ. 湿気の多い場所に1種金属製可とう電線管を用いた金属可とう電線管工事を行った。

ロ. 造営材に沿って取り付けた600Vビニル絶縁ビニルシースケーブルの支持点間の距離を2m以下とした。

ハ. 金属管工事に600Vビニル絶縁電線を使用した。

ニ. 乾燥した場所の金属管工事で、管の長さ3mなので金属管のD種接地工事を省略した。

（令和3年度下期 午前 問い21）

解説・解答

金属可とう電線管工事では、使用する電線管は2種金属製可とう電線管であることが決められています。ただし次の場合、1種金属製可とう電線管が使用できます。

- 展開した場所または点検できる隠ぺい場所であって、乾燥した場所であること
- 屋内配線の使用電圧が300Vを超える場合は、電動機に接続する部分で可とう性を必要とする部分であること
- 管の厚さは0.8mm以上であること

イの施工では「湿気の多い場所」となっており、乾燥した場所ではないので不適切になります。

答え **イ**

低圧進相コンデンサの接続場所と接続方法

三相誘導電動機の力率を改善する目的で施設する低圧進相コンデンサは、**手元開閉器の負荷側に電動機と並列に接続**します。

> **例題 23**
>
> 三相誘導電動機回路の力率を改善するために、低圧進相コンデンサを接続する場合、その接続場所及び接続方法として、最も適切なのは。
>
> **イ**. 手元開閉器の負荷側に電動機と並列に接続する。
> **ロ**. 主開閉器の電源側に各台数分をまとめて電動機と並列に接続する。
> **ハ**. 手元開閉器の負荷側に電動機と直列に接続する。
> **ニ**. 手元開閉器の電源側に電動機と並列に接続する。
>
> （令和3年度下期 午前 問い22）

解説・解答

低圧進相コンデンサは、手元開閉器の負荷側に、電動機と並列に接続します。

答え **イ**

住宅におけるルームエアコンの施設

住宅の屋内電路は対地電圧が150V以下であることが原則ですが、定格消費電力2kW以上の電気機械器具及びこれに電気を供給する屋内配線を、次の条件で300V以下にすることができます。
- 屋内配線は、当該電気機械器具のみに電気を供給するもの
- 屋内配線、電気機械器具には簡易接触防護措置を施す
- 電気機械器具は、屋内配線と**直接接続**して施設する

- 電気機械器具に電気を供給する電路には、**専用の開閉器及び過電流遮断器を施設する**。ただし、過電流遮断器が開閉機能を有するものである場合は、過電流遮断器のみとすることができる
- 電気機械器具に電気を供給する電路には、**漏電遮断器を施設する**

200V、2kW以上のルームエアコンはこれに相当するので、コンセントを使用して接続を行うことはできません。

例題 24

住宅の屋内に三相200Vのルームエアコンを施設した。工事方法として、適切なものは。
ただし、三相電源の対地電圧は200Vで、ルームエアコン及び配線は簡易接触防護措置を施すものとする。

イ. 定格消費電力が1.5kWのルームエアコンに供給する電路に、専用の配線用遮断器を取り付け、合成樹脂管工事で配線し、コンセントを使用してルームエアコンと接続した。

ロ. 定格消費電力が1.5kWのルームエアコンに供給する電路に、専用の漏電遮断器を取り付け、合成樹脂管工事で配線し、ルームエアコンと直接接続した。

ハ. 定格消費電力が2.5kWのルームエアコンに供給する電路に、専用の配線用遮断器と漏電遮断器を取り付け、ケーブル工事で配線し、ルームエアコンと直接接続した。

ニ. 定格消費電力が2.5kWのルームエアコンに供給する電路に、専用の配線用遮断器を取り付け、金属管工事で配線し、コンセントを使用してルームエアコンと接続した。

（令和2年度下期 午前 問い21）

解説・解答

イと**ロ**は2kW未満ですので、150V以下にする必要があります。**ニ**は2kW以上ですが、屋内配線と直接接続する必要があり、コンセントを使用しての接続であるので不適切です。**ハ**は2kW以上で、専用の配線用遮断器と漏電遮断器を取り付け、直接接続しているので適切です。

答え ハ

ワンポイント

住宅における2kW以上の200Vのルームエアコンの施設ではコンセントが使えません。

住宅におけるルームエアコンの施設も、
よく出題される問題の一つです！

レッツ・トライ！

練習問題⑪ 使用電圧200Vの三相電動機回路の施工方法で、不適切なものは。

　イ．金属管工事に屋外用ビニル絶縁電線を使用した。

　ロ．造営材に沿って取り付けた600Vビニル絶縁ビニルシースケーブルの支持点間の距離を2m以下とした。

　ハ．乾燥した場所の金属管工事で、管の長さ3mなので金属管のD種接地工事を省略した。

　ニ．2種金属製可とう電線管を用いた工事に600Vビニル絶縁電線を使用した。

(平成25年度上期 問い23)

練習問題⑫ 店舗付き住宅に三相200V、定格消費電力2.8kWのルームエアコンを施設する屋内配線工事の方法として、不適切なものは。

　イ．屋内配線には、簡易接触防護措置を施す。

　ロ．電路には、漏電遮断器を施設する。

　ハ．電路には、他負荷の電路と共用の配線用遮断器を施設する。

　ニ．ルームエアコンは、屋内配線と直接接続して施設する。

(令和2年度下期 午後 問い21)

解答

練習問題⑪ イ

　金属管工事に使用できるのは、絶縁電線（屋外用ビニル絶縁電線を除く）です。

練習問題⑫ ハ

　150V以上300V以下で、2kW以上の電気機械器具は当該電気機械器具のみに電気を供給するものでなければなりません。他負荷と電路を共有することは、不適切になります。

09 住宅用分電盤の工事と漏電遮断器の省略

住宅用分電盤の配線用遮断器の施工と
漏電遮断器の省略について学びます

住宅用分電盤での配線用遮断器

住宅用分電盤は図のように施工します（素子は過電流検出素子で過電流が流れると検出して遮断する）。

2極1素子（片側に素子のないもの）の配線用遮断器は200Vの分岐回路には使えません。また素子のない極を中性線と接続します。

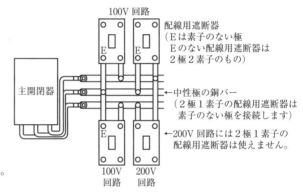

- 100V回路
- 配線用遮断器
  （Eは素子のない極
  　Eのない配線用遮断器は
  　2極2素子のもの）
- 主開閉器
- ←中性極の銅バー
  （2極1素子の配線用遮断器は
  　素子のない極を接続します）
- ←200V回路には2極1素子の
  配線用遮断器は使えません。
- 100V回路　200V回路

例題 25

単相3線式100/200V屋内配線の住宅用分電盤の工事を施工した。不適切なものは。

イ. ルームエアコン（単相200V）の分岐回路に2極2素子の配線用遮断器を取り付けた。

ロ. 電熱器（単相100V）の分岐回路に2極2素子の配線用遮断器を取り付けた。

ハ. 主開閉器の中性極に銅バーを取り付けた。

ニ. 電灯専用（単相100V）の分岐回路に2極1素子の配線用遮断器を取り付け、素子のある極に中性線を結線した。

（令和4年度上期 午後 問い21）

解説・解答

単相100Vの分岐回路に2極1素子の配線用遮断器を取り付けた場合、素子のない極に中性線を取り付ける必要があります。

答え ニ

漏電遮断器の省略

第2章「配電理論および配線設計」でも出てきましたが、漏電遮断器の省略を再度おさらいしましょう（特に赤字部分注意！）。

使用電圧60Vを超える低圧の金属製外箱を有する電気機械器具に電気を供給する場合には、危険防止のため漏電遮断器を施設しなければなりません。

ただし、300V以下の回路で以下の何れかに該当する場合は漏電遮断器の設置を省略できます。

- 簡易接触防護措置を施す場合
- 乾燥した場所に施設する、もしくは対地電圧150V以下で水気のある場所以外に施設する
- 電気用品安全法の適用を受ける二重絶縁構造のもの
- ゴム、合成樹脂その他の絶縁物で被覆したもの
- 誘導電動機の二次側電路に接続されるもの
- 電気機械器具に施されたD種、またはC種接地工事の抵抗値が3Ω以下の場合
- 電源側に絶縁変圧器（二次側電圧300V以下）を施設し、絶縁変圧器の電路を非接地とする場合
- 電気機械器具内に漏電遮断器を取り付け、電源引き出し部が損傷を受けるおそれがないように施設する場合

ライティングダクト工事の漏電遮断器の施設

ライティングダクトは簡易接触防護措置を施す場合を除き、地絡が生じたときに自動的に電路を遮断する装置を施設しなければなりません。

例題 26

単相3線式100/200Vの屋内配線工事で漏電遮断器を省略できないものは。

イ．乾燥した場所の天井に取り付ける照明器具に電気を供給する電路
ロ．小勢力回路の電路
ハ．簡易接触防護措置を施してない場所に施設するライティングダクトの電路
ニ．乾燥した場所に施設した、金属製外箱を有する使用電圧200Vの電動機に電気を供給する電路

（令和3年度下期 午後 問い21）

　ライティングダクトは簡易接触防護措置を施す場合を除き、漏電遮断器などの地絡が生じたときに自動的に電路を遮断する装置を取り付けなければなりません。**ハ**は簡易接触防護措置を施していないので省略できません。

　ロの60V以下の小勢力回路や、**イ**、**ニ**の対地電圧150V以下（単相3線式100/200Vは対地電圧100V）の電気機械器具を水気のある場所以外で施設する場合は漏電遮断器を省略できます。

答え ハ

漏電遮断器の省略の条件は、赤字部分を中心に覚えておきましょう！

レッツ・トライ！

練習問題⑬ 単相3線式100/200V屋内配線の住宅用分電盤の工事を施工した。不適切なものは。

イ．ルームエアコン（単相200V）の分岐回路に2極2素子の配線用遮断器を取り付けた。

ロ．電熱器（単相100V）の分岐回路に2極2素子の配線用遮断器を取り付けた。

ハ．主開閉器の中性極に銅バーを取り付けた。

ニ．電灯専用（単相100V）の分岐回路に2極1素子の配線用遮断器を取り付け、素子のある極に中性線を結線した。

（平成29年度上期 問い20）

解答

練習問題⑬ ニ

　2極1素子の配線用遮断器を取り付ける場合、中性線は素子のない極に結線する必要があります。

10 特殊場所の屋内配線工事

特殊場所の屋内配線工事において施設できる
工事の種類について学びます

特殊場所で施設できる工事

爆発などの危険性のある特殊場所で施設できる工事は、表のとおりです。

なお、石油類を貯蔵する場所は「**危険物などの存在する場所**」、自動車工場の吹き付け塗装作業を行う場所は、「**可燃性ガスの存在する場所**」、小麦粉をふるい分けする場所は「**可燃性粉じんの存在する場所**」、プロパンガスを他の小さな容器に小分けする場所は「**可燃性ガスの存在する場所**」になります。

特殊な場所	工事の種類
爆燃性粉じんの存在する場所	金属管工事 ケーブル工事（MIケーブル以外は、防護装置に収める）
可燃性ガスの存在する場所	金属管工事 ケーブル工事（MIケーブル以外は、防護装置に収める）
可燃性粉じんの存在する場所	金属管工事 ケーブル工事（MIケーブル以外は、防護装置に収める） 合成樹脂管工事
危険物などの存在する場所	金属管工事 ケーブル工事（MIケーブル以外は、防護装置に収める） 合成樹脂管工事

例題 27 特殊場所とその場所に施工する低圧屋内配線工事の組合せで、不適切なものは。

イ. プロパンガスを他の小さな容器に小分けする可燃性ガスのある場所
MIケーブルを使用したケーブル工事

ロ. 石油を貯蔵する危険物の存在する場所
600Vビニル絶縁ビニルシースケーブルを防護装置に収めないで使用したケーブル工事

ハ. 小麦粉をふるい分けする可燃性粉じんのある場所
硬質塩化ビニル電線管VE28を使用した合成樹脂管工事

ニ. 自動車修理工場の吹き付け塗装作業を行う可燃性ガスのある場所
厚鋼電線管を使用した金属管工事

（平成29年度上期 問い19）

解説・解答

ケーブル工事を行う場合はMIケーブルを除き、管その他の防護装置に収める必要があります。

答え ロ

 **レッツ・トライ！**

練習問題⑭ 特殊場所とその場所に施工する低圧屋内配線工事の組合せで、**不適切なものは。**

　イ. プロパンガスを他の小さな容器に小分けする場所
　　　合成樹脂管工事
　ロ. 小麦粉をふるい分けする粉じんのある場所
　　　厚鋼電線管を使用した金属管工事
　ハ. 石油を貯蔵する場所
　　　厚鋼電線管で保護した600Vビニル絶縁ビニルシース
　　　ケーブルを用いたケーブル工事
　ニ. 自動車修理工場の吹き付け塗装作業を行う場所
　　　厚鋼電線管を使用した金属管工事

（平成26年度下期 問い20）

解答

練習問題⑭ **イ**

　プロパンガスなど可燃性ガスのある場所での低圧屋内配線工事では、金属管工事またはケーブル工事で施設する必要があります。合成樹脂管工事で施設することはできません。

ワンポイント

「自動車工場の吹き付け塗装作業を行う場所」や「プロパンガスを他の小さな容器に小分けする場所」は合成樹脂管工事で施設することができません。

合成樹脂管工事を施設できる場所かどうかで判断するとよいでしょう！

第5章

一般用電気工作物等の検査方法

この章では、電気工事の検査方法を学びます。
測定器の用途、屋内配線の検査、それぞれの
検査の具体的な測定方法や測定値の解釈の
仕方、電気計器の記号の意味などを見ていき
ます。
絶縁抵抗の測定や接地抵抗の測定などにつ
いては、あとで学ぶ配線図問題でも繰り返し
出てきますので、予習の意味も込めてしっか
りと学んでおきましょう!

01 測定器の用途

測定器の種類とその用途、さらに、
回路計と低圧検電器の使用方法について学びます

測定器の種類と用途

一般用電気工作物の検査に使われる測定器には、次のようなものがあります。

①回路計 回路の電圧測定や導通試験に使われます。 	**②絶縁抵抗計** 絶縁抵抗の測定に使われます。 
③接地抵抗計 接地抵抗の測定に使われます。 	**④クランプ形電流計** 電流の測定に使われます。 

⑤検電器
電路の充電の有無の確認に使われます。

⑥検相器
三相回路の相順
(相回転)の確認
に使われます。

⑦回転計
電動機の回転速度の測定に使われます。

例題1 低圧電路で使用する測定器とその用途の組合せとして、正しいものは。

イ. 電力計と消費電力量の測定
ロ. 検電器と電路の充電の有無の確認
ハ. 回転計と三相回路の相順（相回転）の確認
ニ. 回路計（テスタ）と絶縁抵抗の測定

（令和3年度下期 午後 問い24）

解説・解答

　回路計は低圧電路の電圧や導通などを測定するもので、絶縁抵抗の測定はできません（絶縁抵抗計で測定）。回転計は電動機の回転速度を測定するもので、三相回路の相順の確認はできません（検相器で確認）。電力計は電力を測定するもので電力量の測定はできません（電力量計で測定）。

　検電器は電路の充電の有無を確認するものです。よって、**ロ**が正しいものになります。

答え ロ

アナログ計器とディジタル計器の特徴

　測定器には、アナログ計器とディジタル計器があります。

　アナログ計器は、電磁力などで指針を動かし、振れ幅でスケールから値を読み取ります。**変化の度合いを読み取りやすく、測定量を直感的に判断できる**利点がありますが、読み取り誤差が生じやすいです。

　ディジタル計器は、交流電圧などのアナログ波形を入力変換回路で直流電圧に変換し、A–D変換回路に送り、直流電圧の大きさに応じたディジタル量に変換し、測定値が表示されます。はっきり数値として表示されるため、**読み取り誤差が生じにくい**という利点があります。

　また、アナログ計器とディジタル計器の違いによる被測定回路への影響の**大きな違いは特にありません**。

アナログ計器とディジタル計器の特徴に関する記述として、誤っているものは。

イ．アナログ計器は永久磁石可動コイル形計器のように、電磁力等で指針を動かし、振れ角でスケールから値を読み取る。

ロ．ディジタル計器は測定入力端子に加えられた交流電圧などのアナログ波形を入力変換回路で直流電圧に変換し、次にA-D変換回路に送り、直流電圧の大きさに応じたディジタル量に変換し、測定値が表示される。

ハ．電圧測定では、アナログ計器は入力抵抗が高いので被測定回路に影響を与えにくいが、ディジタル計器は入力抵抗が低いので被測定回路に影響を与えやすい。

ニ．アナログ計器は変化の度合いを読み取りやすく、測定量を直感的に判断できる利点を持つが、読み取り誤差を生じやすい。

(令和3年度下期 午後 問い27)

解説・解答

アナログ計器とディジタル計器の違いによる被測定回路への影響の大きな違いは特にありません。

答え ハ

回路計の使用方法

回路計にはディジタル式とアナログ式があり、両方とも**電池が必要**になります。抵抗を測定する場合の回路計の出力電圧は、**直流電圧**です。なお抵抗測定では、**絶縁抵抗や接地抵抗は測定できません**。また電流測定でも、漏れ電流の測定や電流が流れている電線の電流測定はできません（回路の電流測定はクランプメータを使います）。

使用前には、回路計の**電池容量が正常**であることを確認します。また、電圧測定時には、あらかじめ想定される値の**直近上位のレンジ**に切り替えておく必要があります。

回路抵抗測定時には、赤と黒の測定端子（テストリード）を**短絡**し、**指針が0Ω**になるよう調整します。なおアナログ式回路計の場合、測定レンジに倍率表示がある場合は、読んだ**指示値の倍率を掛けます**。

低圧検電器の使用方法

検電器は本体からの**音響や発光**により充電の確認ができます。

電池を内蔵する検電器を使用する場合は、**チェック機能（テストボタン）** によって機能が正常に働くことを確認します。

使用方法は、感電しないように注意して検電器の**握り部**を持ち、**検知部（先端部）** を**被検電部に接触**させます。

低圧交流電路の充電の有無を確認する場合、いずれかの一相が充電されていないことを確認できた場合でも、単相3線式の中性線は充電されていないので、**他の相も必ず確認**します。

例題3

回路計（テスタ）に関する記述として、正しいものは。

イ．アナログ式で交流又は直流電圧を測定する場合は、あらかじめ想定される値の直近上位のレンジを選定して使用する。

ロ．抵抗を測定する場合の回路計の端子における出力電圧は、交流電圧である。

ハ．ディジタル式は電池を内蔵しているが、アナログ式は電池を必要としない。

ニ．電路と大地間の抵抗測定を行った。その測定値は電路の絶縁抵抗値として使用してよい。

（令和2年度下期 午後 問い24）

解説・解答

回路計で電圧測定を行う場合、想定される電圧より大きくて近いレンジを選定します。こうすることによって、指針が振り切れたり、故障したりするのを防ぎ、値も読み取りやすくなります。

答え イ

ワンポイント

回路計は基本となる測定器ですので、その特徴を覚えておきましょう。

回路計は最近、ディジタル式も多いです！

レッツ・トライ！

練習問題① 屋内配線の検査を行う場合、器具の使用方法で、不適切なものは。

イ．検電器で充電の有無を確認する。

ロ．接地抵抗計（アーステスタ）で接地抵抗を測定する。

ハ．回路計（テスタ）で電力量を測定する。

ニ．絶縁抵抗計（メガー）で絶縁抵抗を測定する。

（2019年度下期 問い24）

練習問題② アナログ式回路計（電池内蔵）の回路抵抗測定に関する記述として、誤っているものは。

イ．回路計の電池容量が正常であることを確認する。

ロ．抵抗測定レンジに切り換える。被測定物の概略値が想定される場合は、測定レンジの倍率を適正なものにする。

ハ．赤と黒の測定端子（テストリード）を開放し、指針が0Ωになるよう調整する。

ニ．被測定物に、赤と黒の測定端子（テストリード）を接続し、その時の指示値を読む。なお、測定レンジに倍率表示がある場合は、読んだ指示値に倍率を乗じて測定値とする。

（令和3年度下期 午前 問い27）

解答

練習問題① ハ

　回路計は低圧電路の電圧や導通などを測定するもので、電力量の測定はできません。また、屋内配線の検査では電力量の測定は一般的には行いません。

練習問題② ハ

　アナログ式回路計の0Ω調整は、テストリードを短絡して行います。よって「開放し」は誤りになります。

02 屋内配線の検査

しゅん工検査の項目と目的や測定方法、
また、導通試験の目的について学びます

しゅん工検査の項目

建設業では、工事が完了することを「しゅん工」と呼び、電気工事では電気工作物が完成したときの検査を「**しゅん工検査**」と呼びます。しゅん工検査は、施設した電気工作物が適正で安全に使用できるかを確認するものです。次の項目の試験を行います。

①目視点検

目視によって、施設された屋内配線、電気機械器具を確認し、電気設備技術基準等の法規への適合を確認します。

②絶縁抵抗測定

絶縁抵抗計を使って、絶縁抵抗値の測定を行います。

③接地抵抗測定

接地抵抗計を使って、接地抵抗値の測定を行います。

④導通試験

屋内配線の断線や接続の相違の有無、また各器具の結線の不良などがないか、回路計などによって導通を確認します。

⑤通電試験（試送電）

実際に屋内配線に電気を流し、回路計による電圧の確認、検相器による相順の確認などを行います。

例題4 一般用電気工作物の低圧屋内配線工事が完了したときの検査で、一般に行われていないものは。

　イ．絶縁耐力試験　　　ロ．絶縁抵抗の測定
　ハ．接地抵抗の測定　　ニ．目視点検

（平成28年度上期 問い24）

解説・解答

　一般用電気工作物の低圧屋内配線工事が完了したときの検査では、一般的に目視点検、

絶縁抵抗測定、接地抵抗測定、導通試験、通電試験などが行われます。

答え **イ**

導通試験

導通試験は、次の目的で行われます。

• 器具への結線の**未接続の発見**　　• 回路の接続の**正誤の判別**　　• 電線の**断線の発見**

例題 5

導通試験の目的として、誤っているものは。

イ. 電路の充電の有無を確認する。
ロ. 器具への結線の未接続を発見する。
ハ. 電線の断線を発見する。
ニ. 回路の接続の正誤を判別する。

(令和2年度下期 午後 問い27)

解説・解答

　導通試験は、回路の接続の正誤、電線の断線の有無、器具への結線の未接続の発見、などを目的とするものです。充電の有無を調べることを目的としません。

答え **イ**

レッツ・トライ！

練習問題❸ 一般用電気工作物の低圧屋内配線工事が完了したときの検査で、一般的に行われている検査項目の組合せとして、正しいものは。

イ. 目視点検　絶縁抵抗測定　接地抵抗測定　温度上昇試験
ロ. 目視点検　導通試験　絶縁抵抗測定　接地抵抗測定
ハ. 目視点検　導通試験　絶縁耐力試験　温度上昇試験
ニ. 目視点検　導通試験　絶縁抵抗測定　絶縁耐力試験

(平成27年度下期 問い27)

解答

練習問題❸ ロ

絶縁耐力試験は、高圧電路や受電設備に対して行われるものです。

03 絶縁抵抗測定

電路の使用電圧区分による絶縁抵抗値と
絶縁抵抗のそれぞれの測定方法について学びます

絶縁抵抗値

絶縁抵抗測定は、開閉器で区切る電路ごとに電路と大地間、電線相互間の絶縁抵抗値が規定された値に適合しているかを確認するための測定です。

規定された絶縁抵抗値は、次の表にようになります。

電路の使用電圧区分		絶縁抵抗値	該当する電路
300V 以下	対地電圧 150V 以下	0.1MΩ以上	単相2線式 100V、単相3線式 100/200V
	対地電圧 150V を超えるもの	0.2MΩ以上	三相3線式 200V
300V を超え600V 以下		0.4MΩ以上	三相4線式 400V

例題
6

低圧屋内配線の電路と大地間の絶縁抵抗を測定した。「電気設備に関する技術基準を定める省令」に適合していないものは。

イ. 単相3線式 100/200V の使用電圧200V空調回路の絶縁抵抗を測定したところ0.16MΩであった。

ロ. 三相3線式の使用電圧200V（対地電圧200V）電動機回路の絶縁抵抗を測定したところ0.18MΩであった。

ハ. 単相2線式の使用電圧100V屋外庭園灯回路の絶縁抵抗を測定したところ0.12MΩであった。

ニ. 単相2線式の使用電圧100V屋内配線の絶縁抵抗を、分電盤で各回路を一括して測定したところ、1.5MΩであったので個別分岐回路の測定を省略した。

（令和4年度下期 午前 問い25）

解説・解答

三相3線式の使用電圧200V（対地電圧200V）電動機回路は、300V以下、対地電圧150Vを超えるので、0.2MΩ以上でなければなりません。よって**ロ**が「電気設備に関する技術基準を定める省令」に適合していません。

答え ロ

電路と大地間の絶縁抵抗の測定

負荷側の点滅器をすべて「入」にして、常時配線に接続されている負荷は、**使用状態**にしたままで測定します。

電線相互間の絶縁抵抗の測定

負荷側の点滅器をすべて「入」にして、常時配線に接続されている負荷は、すべて**取り外して測定します**（負荷に使用電圧以上の電圧がかかるため）。

例題 7

分岐開閉器を開放して負荷を電源から完全に分離し、その負荷側の低圧屋内電路と大地間の絶縁抵抗を一括測定する方法として、適切なものは。

イ. 負荷側の点滅器をすべて「切」にして、常時配線に接続されている負荷は、使用状態にしたままで測定する。

ロ. 負荷側の点滅器をすべて「入」にして、常時配線に接続されている負荷は、使用状態にしたままで測定する。

ハ. 負荷側の点滅器をすべて「切」にして、常時配線に接続されている負荷は、すべて取り外して測定する。

ニ. 負荷側の点滅器をすべて「入」にして、常時配線に接続されている負荷は、すべて取り外して測定する。

（令和3年度下期 午前 問い25）

解説・解答

低圧屋内電路の大地間の絶縁抵抗を一括測定する方法では、負荷側の点滅器をすべて「入」にし、常時配線に接続されている負荷も使用状態で測定します。

答え ロ

絶縁抵抗計の特徴と使用方法

絶縁抵抗計には**ディジタル形**と**指針形（アナログ形）**があります。また、測定時に電路にかける定格測定電圧（出力電圧）は、**直流電圧**になります。

電子機器など使用電圧以上の電圧をかけると破損しやすい機器が接続された回路の絶縁測定を行う場合は、機器を損傷させないよう**適正な定格測定電圧**を選定します。

絶縁抵抗測定の前には、絶縁抵抗計の電池容量が正常であることを確認し、絶縁抵抗測定のレンジに切り替え、測定モードにし、**接地端子（E：アース）と線路端子（L：**

ライン）を短絡し零点を指示することを確認します。

　被測定回路に電源電圧が加わっていない状態で測定するので、測定する回路の開閉器などの電源を必ず切ります。

例題8

アナログ形絶縁抵抗計（電池内蔵）を用いた絶縁抵抗測定に関する記述として、**誤っているもの**は。

- **イ**．絶縁抵抗測定の前には、絶縁抵抗計の電池容量が正常であることを確認する。
- **ロ**．絶縁抵抗測定の前には、絶縁抵抗測定のレンジに切り替え、測定モードにし、接地端子（E：アース）と線路端子（L：ライン）を短絡し零点を指示することを確認する。
- **ハ**．電子機器が接続された回路の絶縁測定を行う場合は、機器等を損傷させない適正な定格測定電圧を選定する。
- **二**．被測定回路に電源電圧が加わっている状態で測定する。

（令和3年度上期 午後 問い25）

　アナログ形絶縁抵抗計で絶縁抵抗を測定する場合は、電源電圧が加わっていない（開放した）状態で測定します。

答え 二

ワンポイント

絶縁抵抗計は停電して使います。停電できない場合は次の項で説明する漏れ電流計を使います。

絶縁抵抗値に関する問題は、
配線図でも出題されます！

レッツ・トライ！

練習問題❹ 単相3線式100/200Vの屋内配線において、開閉器又は過電流遮断器で区切ることのできる電路ごとの絶縁抵抗の最小値として、「電気設備に関する技術基準を定める省令」に規定されている値［MΩ］の組合せで、正しいものは。

イ． 電路と大地間0.2　電線相互間0.4
ロ． 電路と大地間0.2　電線相互間0.2
ハ． 電路と大地間0.1　電線相互間0.1
ニ． 電路と大地間0.1　電線相互間0.2

（令和4年度上期 午前 問い25）

練習問題❺ 絶縁抵抗計（電池内蔵）に関する記述として、誤っているものは。

イ． 絶縁抵抗計には、ディジタル形と指針形（アナログ形）がある。
ロ． 絶縁抵抗測定の前には、絶縁抵抗計の電池容量が正常であることを確認する。
ハ． 絶縁抵抗計の定格測定電圧（出力電圧）は、交流電圧である。
ニ． 電子機器が接続された回路の絶縁測定を行う場合は、機器等を損傷させない適正な定格測定電圧を選定する。

（令和3年度下期 午後 問い25）

解答

練習問題❹ ハ
単相3線式100/200Vの屋内配線は0.1MΩ以上になります。

練習問題❺ ハ
電池内蔵の絶縁抵抗計は測定対象物に、直流電圧をかけて絶縁抵抗値を測定します。

04 漏れ電流測定

絶縁抵抗測定が困難な場合の漏えい電流（漏れ電流）の
測定とクランプ形漏れ電流計の使い方について学びます

漏れ電流の測定値

　低圧電路において、絶縁抵抗測定が困難な場合は、使用電圧を
かけた状態で、**クランプ形漏れ電流計**を使って、漏えい電流（漏れ
電流）を測定します。

　「電気設備の技術基準の解釈」では、絶縁性能を有していると
判断できる漏えい電流の最大値は1mAです。

クランプ形漏れ電流計

> **例題9**
>
> 低圧屋内配線の絶縁抵抗測定を行いたいが、その電路を停電して測定
> することが困難なため、漏えい電流により絶縁性能を確認した。
> 「電気設備の技術基準の解釈」に定める絶縁性能を有していると
> 判断できる漏えい電流の最大値［mA］は。
>
> **イ**. 0.1　　**ロ**. 0.2　　**ハ**. 1.0　　**ニ**. 2.0
>
> （平成29年度上期 問い25）

解説・解答

　絶縁抵抗測定が困難な場合、当該電路に使用電圧が加わった状態で、漏えい電流が
1mA以下であるなら、電気設備技術基準に定められた絶縁性能を有していると判断さ
れます。

答え ハ

ワンポイント

**クランプ形漏れ電流計の正体は、感度の高いクランプ形電流計。微小な漏れ
電流を検出するものです。**

クランプ形漏れ電流計の使い方

　クランプ形漏れ電流計は、回路が漏電（地絡）していない場合、すべての電線の電流の総和が、（プラス・マイナス）零であることを利用して、測定しています。また漏電が発生した場合、バランスが崩れたその差から地絡電流を測定します。そのため、すべての電線を挟む必要があります。

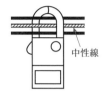

クランプ形漏れ電流計

例題 10

単相３線式回路の漏れ電流の有無を、クランプ形漏れ電流計を用いて測定する場合の測定方法として、正しいものは。

ただし、▨▨▨▨▨は中性線を示す。

イ.　　　　　ロ.　　　　　ハ.　　　　　ニ.

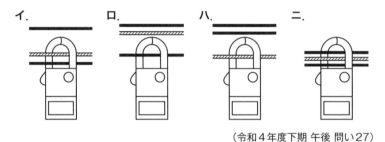

（令和４年度下期 午後 問い27）

　単相３線式回路のすべての電線を挟んでいるのは**ニ**です。

答え ニ

💡 **ワンポイント**

クランプ形漏れ電流計を使った測定は、配線図の問題でも出てきます。

クランプ形漏れ電流計は電線を全部挟むため、クランプ部の径が大きくなっています！

05 接地抵抗測定

接地工事の種類と接地抵抗値と接地抵抗測定方法
また、接地抵抗計の特徴について学びます

接地抵抗値

　接地抵抗の測定では、接地工事の種類や条件によって、接地抵抗値が規定されていますので、その規定値以下になるようにします。

　接地抵抗の基準は、次の表のとおりです。

接地工事の種類	適用条件	接 地 抵 抗 値		接地線の太さ
C種接地工事	300Ｖを超え低圧用のもの	10Ω以下	0.5秒以内に自動的に電路を遮断する装置を設けた場合は500Ω以下	1.6mm
D種接地工事	300Ｖ以下の低圧用のもの	100Ω以下		

　注意すべき点としては、絶縁抵抗値は基準以上ですが、接地抵抗値は基準以下になります。セットで出題されることもありますので、混同しないようにしましょう。

　また設問によっては、**0.5秒以内に動作する漏電遮断器の設置**を条件とする場合もあります。そのような場合は**500Ω以下**となります。

 ワンポイント

D種接地工事の値は、漏電遮断器の設置によって異なります。

例題 11

三相200Ｖ、2.2kWの電動機の鉄台に施設した接地工事の接地抵抗値を測定し、接地線（軟銅線）の太さを検査した。接地抵抗値及び接地線の太さ（直径）との組合せで、適切なものは。
ただし、電路には漏電遮断器が施設されてないものとする。

イ．50Ω、1.2mm　　　**ロ**．70Ω、2.0mm
ハ．150Ω、1.6mm　　　**ニ**．200Ω、2.6mm

（平成29年度下期 問い26）

　三相200V回路で、300V以下になり漏電遮断器も施設されていないので、D種接地工事で、100Ω以下となります。よって**ハ**と**ニ**は不適切です。

　また接地線の太さは、1.6mm以上になります。よって**イ**は不適切です。

　適切な組み合わせは、**ロ**の70Ω、2.0mmになります。

答え ロ

接地抵抗の測定方法

接地抵抗の測定は、次の図のように行います。

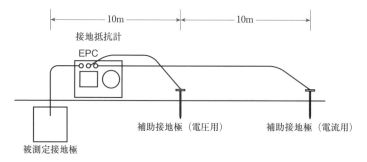

　被測定接地極から10m間隔で直線状に補助接地極を打ち、Eを被測定接地極に、Pを10m離れた補助接地極に、Cをさらに10m離れた補助接地極にそれぞれ接続して測定します。E、P、Cの順番は覚えておきましょう。

補助接地極の距離や順序を覚えておきましょう。

E、P、Cという順番を
覚えておきましょう！

例題 12

直読式接地抵抗計（アーステスター）を使用して直読で、接地抵抗を測定する場合、被測定接地極Eに対する、2つの補助接地極P（電圧用）及びC（電流用）の配置として、最も適切なものは。

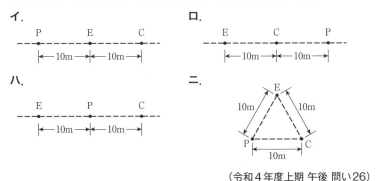

（令和4年度上期 午後 問い26）

解説・解答

Eで示される測定する接地極に対して、補助接地極P（電圧用）は10m離し、補助接地極C（電流用）はさらにそこからEの反対側に10m離して、一直線になるように配置して測定します。

答え ハ

接地抵抗計の特徴

接地抵抗計には、ディジタル形と指針形（アナログ形）があります。また、接地抵抗計の出力端子における電圧は、絶縁抵抗計とは異なり交流電圧になっています。これは、直流電圧を流すと反対向きの起電力が発生するので、正確な測定を阻害してしまうからです。

接地抵抗測定前には、

- 接地抵抗計の電池容量が正常であることを確認する
- 地電圧が許容値以下であることを確認する

などを行います。

> 💡 **ワンポイント**
>
> 出力端子における電圧は、絶縁抵抗計は直流電圧、接地抵抗計は交流電圧になります。

例題 13 接地抵抗計（電池式）に関する記述として、誤っているものは。

イ．接地抵抗測定の前には、接地抵抗計の電池容量が正常であることを確認する。

ロ．接地抵抗測定の前には、端子間を開放して測定し、指示計の零点の調整をする。

ハ．接地抵抗測定の前には、接地極の地電圧が許容値以下であることを確認する。

ニ．接地抵抗測定の前には、補助極を適正な位置に配置することが必要である。

（平成29年度上期 問い26）

解説・解答

接地抵抗測定前には、端子間を開放して測定し、指示計を零点に調整することはしません。

答え ロ

 レッツ・トライ！

練習問題6 接地抵抗計（電池式）に関する記述として、正しいものは。

イ．接地抵抗計はアナログ形のみである。

ロ．接地抵抗計の出力端子における電圧は、直流電圧である。

ハ．接地抵抗測定の前には、P補助極（電圧極）、被測定接地極（E極）、C補助極（電流極）の順に約10m間隔で直線上に配置する。

ニ．接地抵抗測定の前には、接地極の地電圧が許容値以下であることを確認する。

（令和3年度下期 午前 問い26）

解答

練習問題6 ニ

接地抵抗測定前には、地電圧が許容値以下であることを確認します。

06 電圧・電流・電力の測定

電圧計・電流計・電力計の測定方法と
単相3線式回路の断線と電圧について学びます

電圧計、電流計、電力計の結線方法

電圧計、電流計、電力計の結線方法は、図のとおりです。

①電圧計

電圧計は負荷に対して並列に接続します。

②電流計

電流計は負荷に対して直列に接続します。

③電力計

電力計は電圧と電流両方測定するので、並列と直列双方の接続をします。

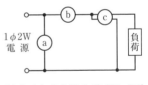

> **例題 14**
>
> 図の交流回路は、負荷の電圧、電流、電力を測定する回路である。
> 図中のa、b、cで示す計器の組合せとして、正しいものは。
>
> イ. a電流計　b電圧計　c電力計
> ロ. a電力計　b電圧計　c電圧計
> ハ. a電圧計　b電力計　c電流計
> ニ. a電圧計　b電流計　c電力計
>
> （令和4年度上期 午後 問い27）

解説・解答

電圧計は負荷と並列に、電流計は直列に、電力計は並列と直列両方の接続をします。

答え ニ

単相3線式回路の中性線の断線

単相3線式100/200Vの回路は、中性線が接続している場合は、分岐した100V回路にそれぞれ100Vの電圧を供給できますが、**断線する**と負荷の抵抗のバランスに比例して、**100V回路の電圧が上昇したり、下降したり**します。

例題 15 図のような単相3線式回路で、開閉器を閉じて機器Aの両端の電圧を測定したところ120Vを示した。この原因として、考えられるものは。

イ. a線が断線している。
ロ. 中性線が断線している。
ハ. b線が断線している。
ニ. 機器Aの内部で断線している。

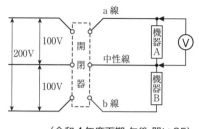

(令和4年度下期 午後 問い25)

解説・解答

中性線が断線すると、今まで機器A、機器Bにそれぞれ加わっていた100Vの電圧から、機器Aと機器Bに直列接続の状態で200Vがかかるようになります。

このとき、機器Aが機器Bの抵抗値の1.5倍であれば、200Vのうち120Vが機器Aにかかります。設問の状態は中性線が断線して、負荷の抵抗値に差があったため、電圧の不平衡が起きて機器Aにかかる電圧が上昇したと考えられます。

その他の選択肢では、機器Aへの電圧の上昇は起きません。

答え ロ

単相3線式100/200Vの電圧

単相3線式100/200V回路の電圧は、図のとおりです。

①100V回路

100V回路は非接地側電線と中性線間になります。非接地側電線は対地電圧が100Vですので大地間の電圧も100Vになります。

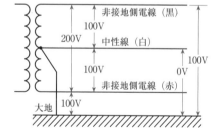

②200V回路

異なる非接地側電線間になります。

③中性線と大地間の電圧

中性線は接地されていますので、大地間との電圧は0Vになります。

例題 16

絶縁被覆の色が赤色、白色、黒色の3種類の電線を使用した単相3線式100/200Vの屋内配線で、電線相互間及び電線と大地間の電圧を測定した。その結果として、電圧の組合せで、適切なものは。ただし、中性線は白色とする。

イ. 赤色線と大地間　200V
　　白色線と大地間　100V
　　黒色線と大地間　　0V

ロ. 赤色線と黒色線間100V
　　赤色線と大地間　　0V
　　黒色線と大地間　200V

ハ. 赤色線と白色線間200V
　　赤色線と大地間　　0V
　　黒色線と大地間　100V

ニ. 赤色線と黒色線間200V
　　白色線と大地間　　0V
　　黒色線と大地間　100V

（令和2年度下期 午前 問い24）

解説・解答

　赤色線と黒色線は非接地側電線ですので、200Vになります。白色の中性線と大地間は0V、非接地側電線の赤色線と大地間は100Vになります。

答え ニ

 ワンポイント

大地間の電圧と電線相互間の電圧の考えは、接地工事の種類の判断でも必要になります。

単相3線式100/200Vの電圧はしっかりと覚えておきましょう！

計器の記号

計　器	電圧計	電流計	電力計
記　号	Ⓥ	Ⓐ	Ⓦ

レッツ・トライ！

練習問題❼ 単相交流電源から負荷に至る回路において、電圧計、電流計、電力計の結線方法として、正しいものは。

イ.
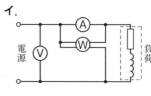

ロ.
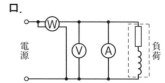

ハ.
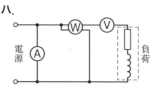

ニ.
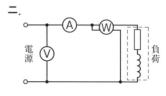

（令和3年度上期 午前 問い27）

解答

練習問題❼ ニ

　Ⓥで示される電圧計は負荷と並列に、Ⓐで示される電流計は負荷と直列に、Ⓦで示される電力計は直列並列両方になるように接続します。

07 電気計器の動作原理

電気計器の目盛板に表示されている記号とその動作原理、
電気計器の置き方について学びます

電気計器の記号と動作原理

電気計器の目盛板には、動作原理と計器の置き方
を示す記号が書いてあります。

①動作原理の記号

動作原理の記号は、表のとおりです。

②計器の置き方の記号

・垂直

垂直は次のとおりです。 ⊥

・水平

水平は次のとおりです。 ⊐

種　類	記　号	使用回路
永久磁石可動コイル形		直流
可動鉄片形		交流（直流）
整流形		交流
誘導形		交流

例題17

電気計器の目盛板に図のような記号があった。記号の意味として
正しいものは。

イ．可動コイル形で目盛板を水平に置いて使用する。
ロ．可動コイル形で目盛板を鉛直に立てて使用する。
ハ．誘導形で目盛板を水平に置いて使用する。
ニ．可動鉄片形で目盛板を鉛直に立てて使用する。

（平成30年度上期 問い27）

解説・解答

　動作原理の記号から可動鉄片形であることがわかります。また、置き方の記号から
目盛板を鉛直に立てて使用します。

答え ニ

使用回路（直流/交流）についての問題も出ますので、覚えておきましょう。

レッツ・トライ！

練習問題❽ 直動式指示電気計器の目盛板に図のような
記号がある。
記号の意味及び測定できる回路で、正しい
ものは。

イ. 永久磁石可動コイル形で目盛板を水平に置いて、直流回
路で使用する。
ロ. 永久磁石可動コイル形で目盛板を水平に置いて、交流回
路で使用する。
ハ. 可動鉄片形で目盛板を鉛直に立てて、直流回路で使用する。
ニ. 可動鉄片形で目盛板を水平に置いて、交流回路で使用する。

（令和2年度下期 午前 問い27）

解答

練習問題❽ イ

　記号から永久磁石可動コイル形であることがわかります。使用回路は直流です。
また、☐ の記号から目盛板を水平に置いて使用します（目盛板を鉛直に立てて使
用する場合は └ の記号が表示されます）。

可動鉄片形がコイルのようで、永久磁
石可動コイル形がU字形の磁石のよう
……と、覚えにくいのですが、特徴か
ら連想できるようにしましょう！

第**6**章

一般用電気工作物等 の保安に関する法令

この章では、一般用電気工作物の電気工事に関連する法令を学びます。
電気事業法、電気設備に関する技術基準を定める省令、電気工事士法、電気工事業法、電気用品安全法といった法令から、出題される問題を中心に解説します。
それぞれの法令の目的と意味を把握して、その法令の理解を深めてください！

重要度 ★★★

01 電気事業法・電気設備に関する技術基準を定める省令

電気事業法と電気設備に関する技術基準を定める
省令について学びます

一般用電気工作物とは…

電気工作物は大きく分けると、**事業用電気工作物**と**一般用電気工作物**に分けられます。

事業用電気工作物は危険性の高い、一般用電気工作物以外の電気工作物を指します。

一般用電気工作物は、危険度の比較的低い電気工作物で次のようなものが、その適用を受けます。

電 気 工 作 物		
事業用電気工作物		一般用電気工作物
電気事業の用に供する電気工作物	自家用電気工作物	
	小規模事業用電気工作物	

- **低圧で受電**し、その受電の場所と同一構内でその電気を使用する電気工作物。
- 小出力発電設備を同一構内に施設した場合（小規模事業用電気工作物になることもある）。

ただし低圧受電であっても、**爆発性もしくは引火性のものが存在する場所**での、電気工作物では、設置する場所によっては、一般用電気工作物の**適用を受けられない場合**があります。一般用電気工作物の定義は、**電気事業法**で定められています。

例題 1

一般用電気工作物に関する記述として、正しいものは。
ただし、発電設備は電圧600V以下とする。

- **イ.** 低圧で受電するものは、出力55kWの太陽電池発電設備を同一構内に施設しても、一般用電気工作物となる。
- **ロ.** 低圧で受電するものは、小出力発電設備を同一構内に施設しても、一般用電気工作物となる。
- **ハ.** 高圧で受電するものであっても、需要場所の業種によっては、一般用電気工作物になる場合がある。
- **ニ.** 高圧で受電するものは、受電電力の容量、需要場所の業種にかかわらず、すべて一般用電気工作物となる。

（令和4年度上期 午後 問い30）

178

解説・解答

　一般用電気工作物は、600V以下の電圧で受電し、受電場所と同一構内の電気を使用する電気工作物です。小出力発電設備を同一構内に施設した場合も一般用電気工作物等となります。

答え　ロ

 ワンポイント

一般用電気工作物等は、第二種電気工事士が工事できる電気工作物となります。

小出力発電設備

　小出力発電設備とは、低圧受電する電気工作物の構内に設置される発電用電気工作物で、その発電設備の種類によって、出力が決まっています。その対応を表に示します。

　これらの条件に満たない場合、低圧で受電していても、一般用

発 電 設 備	出　　力	備　　考
太陽電池発電設備	50kW 未満	―
風力発電	20kW 未満	―
水力発電		ダムを伴うものを除く
内燃力を原動力とする火力発電	10kW 未満	ディーゼル機関、ガス機関またはガソリン機関
燃料電池発電設備		固体高分子型または固体酸化型のもの
※複数の設備がある場合、出力合計は 50kW 未満		

電気工作物等の適用は受けられません（事業用電気工作物の「自家用電気工作物」になる）。

例題2

一般用電気工作物の適用を受けないものは。
ただし、発電設備は電圧600V以下で、1構内に設置するものとする。

　イ．低圧受電で、受電電力の容量が35kW、出力15kWの非常用内燃力発電設備を備えた映画館

　ロ．低圧受電で、受電電力の容量が35kW、出力10kWの太陽電池発電設備と電気的に接続した出力5kWの風力発電設備を備えた農園

　ハ．低圧受電で、受電電力の容量が45kW、出力5kWの燃料電池発電設備を備えたコンビニエンスストア

　ニ．低圧受電で、受電電力の容量が35kW、出力15kWの太陽電池発電設備を備えた幼稚園

（令和3年度上期 午前 問い30）

イは低圧受電ですが、出力15kWの非常用内燃力発電設備なので、小出力発電設備ではなく、一般用電気工作物等の適用は受けられません。

答え イ

電気設備に関する技術基準を定める省令

「電気設備に関する技術基準を定める省令」は、**電気事業法の規定**に基づいて定められた経済産業省令です。

電圧区分

「電気設備に関する技術基準を定める省令」では、表のように電圧の区分を定めています。

試験では、低圧区分に関する問題がよく出されていますので、しっかりと覚えておきましょう。

電圧の種別	直　流	交　流
低　圧	750V 以下	600V 以下
高　圧	750V を超え 7 000V 以下	600V を超え 7 000V 以下
特別高圧	7 000V を超えるもの	

例題 3

「電気設備に関する技術基準を定める省令」における電圧の低圧区分の組合せで、正しいものは。

イ. 直流にあっては600V以下、交流にあっては600V以下のもの
ロ. 直流にあっては750V以下、交流にあっては600V以下のもの
ハ. 直流にあっては600V以下、交流にあっては750V以下のもの
ニ. 直流にあっては750V以下、交流にあっては750V以下のもの

（平成30年度下期 問い30）

解説・解答

低圧区分は、直流750V以下、交流600V以下になります。

答え ロ

ワンポイント

交流と直流の、電圧区分は異なります。

練習問題① 電気の保安に関する法令についての記述として、誤っているものは。

イ.「電気工事士法」は、電気工事の作業に従事する者の資格及び義務を定め、もって電気工事の欠陥による災害の発生の防止に寄与することを目的とする。

ロ.「電気設備に関する技術基準を定める省令」は、「電気工事士法」の規定に基づき定められた経済産業省令である。

ハ.「電気用品安全法」は、電気用品の製造、販売等を規制するとともに、電気用品の安全性の確保につき民間事業者の自主的な活動を促進することにより、電気用品による危険及び障害の発生を防止することを目的とする。

ニ.「電気用品安全法」において、電気工事士は電気工作物の設置又は変更の工事に適正な表示が付されている電気用品の使用を義務づけられている。

(令和4年度下期 午前 問い28)

練習問題② 一般用電気工作物の適用を受けるものは。
ただし、発電設備は電圧600V以下で、同一構内に設置するものとする。

イ. 低圧受電で、受電電力の容量が40kW、出力15kWの非常用内燃力発電設備を備えた映画館

ロ. 高圧受電で、受電電力の容量が55kWの機械工場

ハ. 低圧受電で、受電電力の容量が40kW、出力15kWの太陽電池発電設備を備えた幼稚園

ニ. 高圧受電で、受電電力の容量が55kWのコンビニエンスストア

(令和2年度下期 午後 問い30)

解答

練習問題① ロ

ロは、電気事業法の規定に基づいて定められた経済産業省令です。

練習問題② ハ

ハは低圧受電で、出力15kWの太陽光発電設備で50kW未満なので、小出力発電設備に該当し、一般用電気工作物の適用を受けます。

重要度 ★★★

02 電気工事士法・電気工事業法

電気工事士法から電気工事士の義務と制限、作業範囲など、
電気工事業法から、電気工事業者の義務などについて学びます

電気工事士の義務と制限

①法令順守の義務

電気工事の作業に従事するときは、「電気設備に関する技術基準を定める省令」に
適合するよう作業を行わなければなりません。電気工事の作業に電気用品安全法が定めた
電気用品の適正な表示が付されたものを使用しなければなりません。

②免状携帯の義務

電気工事の作業に従事するときは、電気工事士免状を携帯していなければなりません。

③報告の義務

都道府県知事から電気工事の業務に関して報告を求められた場合には、報告しなけれ
ばなりません。

第二種電気工事士の作業範囲

第二種電気工事士のみの免状で、できる工事の範囲は一般用電気工作物等（一般用電
気工作物と小規模事業用電気工作物）に限られます。自家用電気工作物の低圧部分は行
うことができません。

例題
4

電気工事士の義務又は制限に関する記述として、誤っているものは。

イ．電気工事士は、電気工事士法で定められた電気工事の作業に従事す
るときは、電気工事士免状を携帯していなければならない。

ロ．電気工事士は、氏名を変更したときは、免状を交付した都道府県知事
に申請して免状の書換えをしてもらわなければならない。

ハ．第二種電気工事士のみの免状で、需要設備の最大電力が500kW未
満の自家用電気工作物の低圧部分の電気工事のすべての作業に従事
することができる。

ニ．電気工事士は、電気工事士法で定められた電気工事の作業を行うと
きは、電気設備に関する技術基準を定める省令に適合するよう作業
を行わなければならない。

（平成30年度下期 問い28）

解説・解答

　自家用電気工作物（500kW未満）の低圧部分の電気工事は、第一種電気工事士でないと工事はできません。認定電気工事従事者認定証の交付を受けた者は、自家用電気工作物の低圧部分の工事作業はできますが、低圧部分でも電線路に係るものはできません。

　すべての作業に従事できるのは、第一種電気工事士だけで、第二種電気工事士のみの免状で作業に従事することはできません。

答え ハ

電気工事士でなければできない作業と軽微な工事

　電気工事士でなければできない作業は、次のようなものです。

- 電線相互を接続する作業
- がいしに電線を取り付け・取り外す作業
- 電線を直接造営材に取り付け・取り外す作業
- 電線管、線ぴ、ダクトその他これらに類する物に**電線を収める作業**
- 配線器具を造営材その他の物件に取り付け・取り外し、電線を接続する作業
- 電線管を**曲げ・ねじ切り**し、電線管相互もしくは電線管とボックスその他の附属品とを**接続する作業**
- 金属製のボックスを造営材その他の物件に取り付け・取り外す作業
- 電線、電線管、線ぴ、ダクトその他これらに類する物が造営材を貫通する部分に金属製の防護装置を取り付け・取り外す作業
- 金属製の電線管、線ぴ、ダクトその他これらに類する物またはこれらの附属品を、建造物のメタルラス張り、ワイヤラス張り又は金属板張りの部分に取り付け・取り外す作業
- **配電盤を造営材に取り付け・取り外す作業**
- 接地線を自家用電気工作物に取り付け・取り外し、接地線相互若しくは接地線と接地極とを接続し、または接地極を地面に埋設する作業

　これらを補助する作業やこれら以外の作業を「**軽微な作業**」と呼び、電気工事士以外が作業に従事することができます。

　さらに、電気工事ではありますが、電気工事士以外が作業しても保安上支障がないと認められているのが「**軽微な工事**」で次のとおりです。

- 差込み接続器、ねじ込み接続器、ソケット、ローゼットその他の接続器などにコ

ードまたはキャブタイヤケーブルを接続する工事
- 電気機器・蓄電池の端子に電線をねじ止めする工事
- 電力量計もしくは電流制限器またはヒューズを取り付け・取り外す工事
- ベル、インターホーン、火災感知器、豆電球その他これらに類する施設に使用する小型変圧器（二次電圧が36V以下）の二次側の配線工事
- 電線を支持する柱、腕木その他これらに類する工作物を設置・変更する工事
- 地中電線用の暗きょまたは管を設置・変更する工事

例題 5　電気工事士法において、一般用電気工作物に係る工事の作業で電気工事士でなければ従事できないものは。

　イ. 定格電圧100Vの電力量計を取り付ける。
　ロ. 火災報知器に使用する小型変圧器（二次電圧が36V以下）の二次側の配線をする。
　ハ. 定格電圧250Vのソケットにコードを接続する。
　ニ. 電線管に電線を収める。

（平成29年度下期 問い28）

解説・解答

　電線管に電線を収める作業は電気工事士でなければ行うことができません。電力量計の取り付け、二次電圧36V以下の小型変圧器の二次側配線、ソケットにコードを接続するなどの作業は軽微な工事になり、電気工事士の資格がなくても作業できます。

答え ニ

ワンポイント

施工後、施工ミスによって災害が発生する可能性の高い作業が電気工事士でなければできない作業になっています。

電気工事業法（電気工事業の業務の適正化に関する法律）

　電気工事業法は、電気工事業を営む者の登録や規制を行う法律です。

　電気工事業を営もうとする者は、申請し、登録を受けなければなりません。1都道府県内のみに営業所を設置する場合は**都道府県知事**へ、2以上の都道府県内に営業所を設置

する場合は**経済産業大臣**へ、それぞれ申請して登録を受けます。

また登録の有効期限は、**5年**ですので、事業を継続する場合は更新の登録を受けなければなりません。

事業の変更や廃止は、登録申請を受けた都道府県知事もしくは経済産業大臣に**30日以内**に届け出ます。

電気工事業者の義務

電気工事業者は、**営業所ごとに主任電気工事士**を置かなければなりません。主任電気工事士は、**第一種電気工事士**、または第二種電気工事士の免状取得後、電気工事に関し**3年以上の実務経験**を有する者から選任する必要があります。

一般用電気工事の業務を行う電気工事業者は、営業所ごとに、**絶縁抵抗計**、**接地抵抗計**、抵抗及び交流電圧を測定することができる**回路計**を備えなければなりません。

営業所および電気工事の施工場所ごとに、その見えやすい場所に、規定された事項を記載した標識を掲示しなければなりません。

また、営業所ごとに帳簿を備え、**5年間保存**しなければなりません。

例題6 電気工事業の業務の適正化に関する法律に定める内容に、適合していないものは。

イ. 一般用電気工事の業務を行う登録電気工事業者は、第一種電気工事士又は第二種電気工事士免状の取得後電気工事に関し3年以上の実務経験を有する第二種電気工事士を、その業務を行う営業所ごとに、主任電気工事士として置かなければならない。

ロ. 電気工事業者は、営業所ごとに帳簿を備え、経済産業省令で定める事項を記載し、5年間保存しなければならない。

ハ. 登録電気工事業者の登録の有効期限は7年であり、有効期限の満了後引き続き電気工事業を営もうとする者は、更新の登録を受けなければならない。

二. 一般用電気工事の業務を行う電気工事業者は、営業所ごとに、絶縁抵抗計、接地抵抗計並びに抵抗及び交流電圧を測定することができる回路計を備えなければならない。

(平成21年度 問い28)

解説・解答

登録電気工事業者の有効期限は5年になります。

答え ハ

電気工事士法は電気工事を行う作業者の法律、電気工事業法は電気工事業を経営する事業者の法律になります！

✎ レッツ・トライ！

練習問題③ 「電気工事士法」において、第二種電気工事士免状の交付を受けている者であっても従事できない電気工事の作業は。

イ．自家用電気工作物（最大電力500kW未満の需要設備）の低圧部分の電線相互を接続する作業

ロ．自家用電気工作物（最大電力500kW未満の需要設備）の地中電線用の管を設置する作業

ハ．一般用電気工作物の接地工事の作業

ニ．一般用電気工作物のネオン工事の作業

（令和4年度上期 午後 問い28）

練習問題④ 「電気工事士法」において、一般用電気工作物に係る工事の作業で、a、bともに電気工事士でなければ従事できないものは。

イ．a：配電盤を造営材に取り付ける。
　　b：電線管を曲げる。

ロ．a：地中電線用の管を設置する。
　　b：定格電圧100Vの電力量計を取り付ける。

ハ．a：電線を支持する柱を設置する。
　　b：電線管に電線を収める。

ニ．a：接地極を地面に埋設する。
　　b：定格電圧125Vの差込み接続器にコードを接続する。

（令和3年度上期 午後 問い28）

解答

練習問題③ イ

　第二種電気工事士のみの免状では、自家用電気工作物の低圧部分の電線相互を接続する作業はできません。

練習問題④ イ

　「配電盤を造営材に取り付ける」「電線管を曲げる」は電気工事士でなければ作業はできません。

03 電気用品安全法

電気用品安全法から同法の意味や特定電気用品
について学びます

電気用品の分類

電気用品安全法では、構造や使用方法その他の使用状況からみて、特に危険や障害の発生するおそれが多い電気用品を「**特定電気用品**」としています。

また、特定電気用品以外の電気用品を「**特定電気用品以外の電気用品**」と呼びます。

電気用品の表示

電気用品の製造事業者や輸入事業者は、事業開始の日から30日以内に経済産業省に届出をしなければなりません。届出をした事業者を届出事業者といいます。

届出事業者は、一定の要件を満たした電気用品に次の表示を付すことができます。

①**特定電気用品**　　　　　②**特定電気用品以外の電気用品**

表示が困難な場合は「〈PS〉E」　表示が困難な場合は「(PS) E」

電気用品の販売

電気用品の販売の事業を行う者は、法令に定める**表示のない**電気用品を販売する、あるいは販売の目的で陳列してはなりません。

電気用品の工事での使用

電気工事士は、法令に定める表示のない電気用品を電気工作物の設置や変更の工事に使用してはなりません。

ワンポイント

特定電気用品は〈PS〉E もしくは <PS>E、特定電気用品以外の電気用品は (PS) もしくは (PS) Eです。

特定電気用品の表示と特定
電気用品以外の電気用品の
表示は覚えておきましょう！

例題 7

電気用品安全法における特定電気用品に関する記述として、誤って
いるものは。

イ. 電気用品の製造の事業を行う者は、一定の要件を満たせば製造した
特定電気用品に (PSE) の表示を付すことができる。

ロ. 電線、ヒューズ、配線器具等の部品材料であって構造上表示スペー
スを確保することが困難な特定電気用品にあっては、特定電気用品
に表示する記号に代えて〈PS〉Eとすることができる。

ハ. 電気用品の輸入の事業を行う者は、一定の要件を満たせば輸入した
特定電気用品に (PSE) の表示を付すことができる。

ニ. 電気用品の販売の事業を行う者は、経済産業大臣の承認を受けた
場合等を除き、法令に定める表示のない特定電気用品を販売しては
ならない。

(平成30年度上期 問い29)

解説・解答

(PSE) の表示は特定電気用品以外の電気用品に付すものです。特定電気用品に付すこ
とができる表示は〈PSE〉になります。

答え ハ

特定電気用品

特定電気用品の主なものは次のとおりです（赤字は多く出題されたもの）。
- 絶縁電線（100mm² 以下）　　• ケーブル（22mm² 以下）　　• タンブラースイッチ
- タイムスイッチ　　• 配線用遮断器（100A以下）　　• 漏電遮断器（100A以下）
- フロートスイッチ

特定電気用品以外の電気用品

特定電気用品以外の電気用品の主なものは、次のとおりです（赤字は多く出題された
もの）。
- ケーブル（22mm²を超え100mm²以下）

- **金属製電線管類及び附属品**（内径120mm以下）
- **合成樹脂製等電線管類及び附属品**（内径120mm以下）
- **ケーブル配線用スイッチボックス**　・**カバー付ナイフスイッチ**
- **電磁開閉器**　・**ライティングダクト**　・**換気扇**（300W以下）
- **蛍光ランプ**（40W以下）

例題 8

「電気用品安全法」の適用を受ける次の電気用品のうち、特定電気用品は。

イ．定格消費電力40Wの蛍光ランプ　ロ．外径19mmの金属製電線管
ハ．定格消費電力30Wの換気扇　ニ．定格電流20Aの配線用遮断器

（令和4年度上期 午後 問い29）

解説・解答

定格消費電力40W以下の蛍光ランプ、内径120mm以下の電線管、300W以下の換気扇は特定電気用品以外の電気用品です。100A以下の開閉器（配線用遮断器など）は、特定電気用品の適用を受けます。

答え ニ

レッツ・トライ！

練習問題5　低圧の屋内電路に使用する次の配線器具のうち、特定電気用品の適用を受けるものは。
ただし、定格電圧、定格電流、使用箇所、構造等すべて「電気用品安全法」に定める電気用品に該当するものとする。

イ．カバー付ナイフスイッチ　ロ．電磁開閉器
ハ．ライティングダクト　ニ．タイムスイッチ

（平成29年度上期 問い30）

解答

練習問題5　ニ

配線器具の中で、タイムスイッチは特定電気用品の適用を受けます。

電気工事で必要となる技術基準・規格

第2種電気工事士が行う「一般用電気工作物」は、電気事業法という法律（第56条第1項）で「経済産業省令で定める技術基準に適合」することがもとめられています。

この電気事業法に書かれている「経済産業省令で定める技術基準」が「電気設備に関する技術基準を定める省令」になり、これをベースに電気工事の技術的基準が定められています。

●「電気設備に関する技術基準を定める省令」を さらに詳しく解説した「電気設備の技術基準の解釈」

「電気設備に関する技術基準を定める省令」そのものは、非常に短いものです。全部で78条しかなく、最低限の内容しか書かれていません。

この基準を、より具体的に解説したものが「電気設備の技術基準の解釈」となります。第2種電気工事士の問題の多くも、ここから出題されています。

●「電気設備の技術基準の解釈」を補完する 民間自主規格「内線規程」

さらに、「電気設備に関する技術基準を定める省令」や「電気設備の技術基準の解釈」を補完し、具体的に規定するのが、民間自主規格である「内線規程」です。これは一般社団法人日本電気協会が発行しています。

それぞれの技術基準と規格は、資格取得後に皆さんが行うであろう一般用電気工作物の電気工事の際に知っておくべきもの、参照すべきものです。

その役割や意味を認識しておきましょう。

第7章

配線図問題の基本と図記号

この章では、配線図問題を解くための基本的な知識と、配線図問題で読み解く図記号について学びます。

配線図は、建物の中の電気設備と配線が表記された図です。ですので、電気工事を行う者はその意味を十分理解していないといけません。

そのため、配線図に表記される図記号の意味と実際の写真とを照らし合わせながら解説していきます！

01 配線図問題の基本

配線図問題の特徴とそれぞれの図の意味、
また、【注意】の読み方について学びます

配線図問題の特徴

　配線図の問題は、1枚の配線図から、図記号についての問題、施工方法や技術基準、材料・工具の選定などの問題、また電線の本数や電線接続に関する問題が出題されます。

　現場では、配線図（施工図）を理解して、その内容に沿った工事をすることがもとめられます。いわば、現場を意識した実践的な問題といえるでしょう。

　配線図問題に対応できるようになるためには、配線図を読めるようにすることが必要になります。

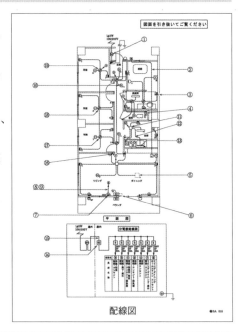

配線図

平面図と分電盤結線図

　配線図は、**平面図**と**分電盤結線図**（配電盤結線図）で構成されています。

　平面図は、建物の中の配線と器具の位置が示してあり、引込線（受電点）から入ってきた電線が電力量計を通り、分電盤や配電盤に行って、そこから各回路に分岐し、配線されることを示します。

　分電盤結線図は、分電盤の内部で漏電遮断器や配線用遮断器がどのように施設されるかを示すものです。また、各回路にはアルファベットの回路番号が示されていますので、次の図のように平面図のどの回路がどの配線用遮断器に入っているかがわかるようになっています。

平面図と分電盤結線図の対応関係を理解することが重要です。

さらに配電線の電気供給方式は次のような記号で示されます。

①**単相3線式100/200V**
（電灯回路）

1φ3W100/200V　分電盤はLで表示(例：L－1)

②**三相3線式200V（動力回路）**

3φ3W200V　分電盤(制御盤)はPで表示(例：P－1)

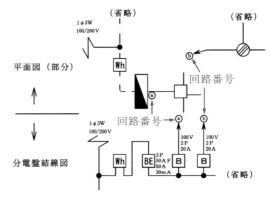

配線図を読むには、慣れが必要！問題を解きながら読むコツを学んでいきましょう。

【注意】の読み方

配線図問題の冒頭には、配線図の内容と試験の説明、【注意】が記述されています。次のようなものです。

> 図は、鉄骨軽量コンクリート店舗平屋建の配線図である。この図に関する次の各問いには4通りの答え(イ、ロ、ハ、ニ)が書いてある。それぞれの問いに対して、答えを1つ選びなさい。
>
> 【注意】1．屋内配線の工事は、特記のある場合を除き600Vビニル絶縁ビニルシースケーブル平形 (VVF)を用いたケーブル工事である。
> 　　　　2．屋内配線等の電線の本数、電線の太さ、その他、問いに直接関係のない部分等は省略又は簡略化してある。
> 　　　　3．漏電遮断器は、定格感度電流30mA、動作時間0.1秒以内のものを使用している。
> 　　　　4．選択肢(答え)の写真にあるコンセント及び点滅器は、「JIS C 0303：2000 構内電気設備の配線用図記号」で示す「一般形」である。
> 　　　　5．電灯分電盤及び動力分電盤の外箱は金属製である。
> 　　　　6．ジョイントボックスを経由する電線は、すべて接続箇所を設けている。
> 　　　　7．3路スイッチの記号「0」の端子には、電源側又は負荷側の電線を結線する。

読み飛ばしてしまう受験者も多いと思いますが、試験の内容にも関わることが書かれていますので、必要な個所をしっかり確認しましょう。

確認すべき内容は、主に次の3点です。

①建物の種類と用途

建物の種類と用途によって、施工する電気工事が異なってきます。どのような電気工事の問題が出題されるか、ある程度予測できます。

・木造2階（1階、3階）建住宅

単相3線式100/200V回路　VVFによるケーブル工事など

・鉄筋コンクリート造集合住宅（1戸部分）

単相3線式100/200V回路　VVFによるケーブル工事　金属管工事など

・鉄筋コンクリート造集合住宅（共用部）

単相3線式100/200V回路、三相3線式200V回路　VVFによるケーブル工事　金属管工事など

・鉄骨軽量コンクリート造の工場、事務所、倉庫

単相3線式100/200V回路、三相3線式200V回路　VVFによるケーブル工事　金属管工事など

・鉄骨軽量コンクリート造店舗

単相3線式100/200V回路、三相3線式200V回路　VVFによるケーブル工事　ライティングダクト工事など

建物の種類は、実際の問題を解く際にも使えます。例えば、**木造住宅の場合**であれば、**金属管工事がない場合がほとんど**ですので、使われない工具や材料を問われる際に、**金属管工事で使う工具や材料を選ぶ**などです。

②使われる電線の種類

基本的にはケーブル工事に使われる電線は、特記が書いてなければ「**600Vビニル絶縁ビニルシースケーブル平形（VVF）を用いたケーブル工事**」である場合が多いですが、動力回路などに別の条件が書いてある場合もあります。電線の接続や写真でケーブルを選ぶ場合に必要になりますので、確認しておきましょう。

③漏電遮断器

D種接地工事において、接地抵抗の許容される最大値は、「0.5秒以内に自動的に電路を遮断する装置を設けた場合」500Ωにすることができます（設置されていない場合100Ω）。【注意】で「漏電遮断器は、…動作時間0.1秒以内のものを使用している。」と書かれており、問題の中に条件が書かれていない場合、500Ωになるので事前に確認しておきましょう。

配線図の【注意】は、後で問題を解くのに必要になるときがあります！

02 一般配線の図記号

一般配線の示す図記号のそれぞれの表記と意味、
工事方法について学びます

配線の図記号

配線の図記号は、次の表のとおりです。

配線の種類	天井隠ぺい配線	露出配線	床隠ぺい配線	地中埋設配線
図記号	——	------	— —	— — —

　配線方法は、実線は隠ぺい配線、短い点線は露出配線、長い点線は床隠ぺい配線、
1点鎖線は地中埋設配線になります。

 **ワンポイント**

実線や点線で配線方法を示します。

例題1 ⑩で示す図記号の配線方法は。

- イ．天井隠ぺい配線
- ロ．床隠ぺい配線
- ハ．天井ふところ内配線
- ニ．床面露出配線

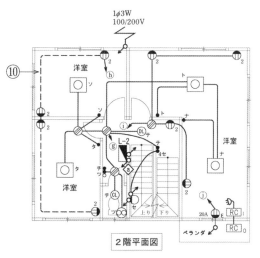

２階平面図

（令和4年度下期 午後 問い40）

⑩で示された図記号は長い点線ですので、床隠ぺい配線になります。

答え ロ

管類の記号

　配線の図記号に記述される管類の記号は、次の表のとおりです。カッコ書きで管類の種類と太さが記述されます。

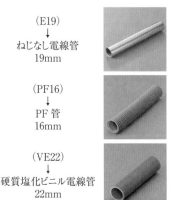

(E19)
↓
ねじなし電線管
19mm

(PF16)
↓
PF 管
16mm

(VE22)
↓
硬質塩化ビニル電線管
22mm

配 管 の 種 類	記号
厚鋼電線管／薄鋼電線管	なし
ねじなし電線管	E
PF 管（合成樹脂製可とう電線管）	PF
CD 管（合成樹脂製可とう電線管）	CD
硬質塩化ビニル電線管	VE
波付硬質合成樹脂管	FEP
2種金属製可とう電線管	F2
1種金属製線ぴ	MM1
2種金属製線ぴ	MM2
耐衝撃性硬質塩化ビニル電線管	HIVE

ライティングダクト工事の図記号

　ライティングダクトは次の図のように、四画（フィードインボックス）の記号に点線と「LD」で表記されます。

□ ------- L D

例題 2　④で示す部分の配線工事で用いる管の種類は。

イ. 硬質塩化ビニル電線管
ロ. 耐衝撃性硬質塩化ビニル
　　電線管
ハ. 耐衝撃性硬質塩化ビニル
　　管
ニ. 波付硬質合成樹脂管

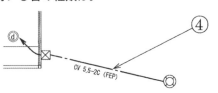

CV 5.5-2C (FEP)

（令和2年度下期 午後 問い34）

④の配線には(FEP)という記号が付されていますので、波付硬質合成樹脂管になります。

答え ニ

電線の記号

電線の記号は、表のとおりです。

600Vビニル絶縁電線（IV）や600Vビニル絶縁ビニルシースケーブル平形（VVF）の配線の場合は省略されることが多いです。

電線の記号と電線の太さ、心線の本数(条数)が表記されます。

電 線 の 種 類	記号
600Vビニル絶縁電線	IV
600Vビニル絶縁ビニルシースケーブル（平形）	VVF
600Vビニル絶縁ビニルシースケーブル（丸型）	VVR
600V架橋ポリエチレン絶縁ビニルシースケーブル	CV
600V架橋ポリエチレン絶縁ビニルシースケーブル（単心3本より線）	CVT

例：VVF1.6-2C⇒　600Vビニル絶縁ビニルシースケーブル（平形） 1.6mm　2心

　　CV14-3C⇒　600V架橋ポリエチレン絶縁ビニルシースケーブル14mm² 3心

> **例題 3**
>
> ①で示す低圧ケーブルの名称は。
>
> イ. 引込用ビニル絶縁電線
> ロ. 600Vビニル絶縁ビニルシースケーブル平形
> ハ. 600Vビニル絶縁ビニルシースケーブル丸形
> ニ. 600V架橋ポリエチレン絶縁ビニルシースケーブル（単心3本より線）
>
>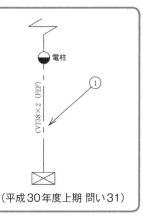
>
> （平成30年度上期 問い31）

配線に付されている記号CVT38×2（FEP）の「CVT」は、600V架橋ポリエチレン絶縁ビニルシースケーブルの単心3本より線をさします。CVTのTはTriplexの頭文字で3本より線であることを表しています。

答え ニ

さまざまな配線の図記号

配線の場所に応じて、表のような図記号があります。

名　称	受電点	立上り	引下げ	素通し	接地極
図記号					
説　明	受電する場所	上への配線	下への配線	上下の配線	接地した場所

ボックス類の図記号

ボックス類には、次のような図記号があります。

①プルボックス　　②ジョイントボックス　　③ VVF 用ジョイントボックス

例題4

⑨で示す図記号の名称は。

イ．立上り
ロ．引下げ
ハ．受電点
ニ．支　線

$1\phi3W$
$100/200V$

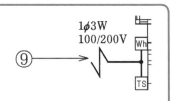

（平成25年度上期 問い39）

解説・解答

　図記号は、受電点を表します。「受電点」とは、送配電事業者から電気の供給を受ける（受電する）場所です。

答え ハ

図記号は、配線図を読み解く基本になりますのでしっかり覚えましょう！

![鉛筆アイコン] レッツ・トライ!

練習問題❶ ⑪で示す図記号のものは。

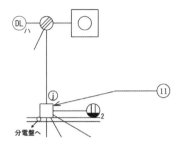

イ.

ロ.

ハ.

ニ.

(令和4年度上期 午後 問い41)

練習問題❷ ④で示す図記号の名称は。

イ. 金属線ぴ
ロ. フロアダクト
ハ. ライティングダクト
ニ. 合成樹脂線ぴ

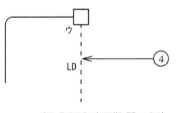

(平成27年度下期 問い34)

解答

練習問題❶ イ

図記号□は、ジョイントボックス(アウトレットボックス)です。

練習問題❷ ハ

図記号 LD は、ライティングダクトです。傍記のLDが見分けるポイントになります。

03 コンセントの図記号

重要度 ★★★

コンセントの種類と図記号、
さらに、極配置（刃受）や写真について学びます

コンセントの種類と図記号

コンセントの種類による図記号は、表のとおりです。

アルファベットの傍記表示によって、コンセントの種類を特定できます。

種　類	図記号	種　類	図記号
接地極付	⊖E	抜け止め形	⊖LK
接地端子付	⊖ET	引掛形	⊖T
接地極付接地端子付	⊖EET	漏電遮断器付	⊖EL

例題 5

④で示す図記号の器具の種類は。

イ．漏電遮断器付コンセント
ロ．接地極付コンセント
ハ．接地端子付コンセント
ニ．接地極付接地端子付コンセント

（2019年度上期 問い34）

解説・解答

コンセントの図記号にEETと傍記表示されたものは、接地極付接地端子付コンセントを表します。

答え ニ

Eが接地極、ETが接地端子を表します。

コンセントの種類は多く、それに関する問題も多いので、しっかりと覚えておきましょう！

コンセントの定格と極配置

コンセントの図記号では定格電流が20A以上の場合は定格電流を傍記します。また、250V以上の定格電圧も傍記します。

コンセントは定格電流・定格電圧によって極配置（刃受）が異なります。表がその一覧になります。

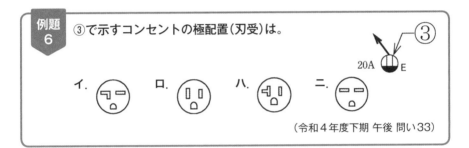

定　　格	接地極なし		接地極付	
	図記号	極配置	図記号	極配置
15A125V	⊖	(I I)	⊖ₑ	(I I)
15A125V（引掛型）	⊖ᴛ	(C)	⊖ᴛₑ	(C)
20A125V（右は15A兼用）	⊖20A	(I I) (I I)	⊖20Aₑ	(I I) (I I)
15A250V	⊖250V	(– –)	⊖250Vₑ	(– –)
20A250V	⊖20A250V	(– –)	⊖20A250Vₑ	(– –)
（三相200V）15A250V	⊖3P250V	(⋀)	⊖3P250Vₑ	(⋀)

特徴として、**250Vは刃の形が水平になり、20Aは刃の片側の形が直角になります。**

例題 6

③で示すコンセントの極配置（刃受）は。

20A E ③

イ．　ロ．　ハ．　ニ．

（令和4年度下期 午後 問い33）

解説・解答

Eと20Aとが傍記表示されたコンセントの図記号は、20A125V接地極付コンセントを表します。20A125V接地極付コンセントの図記号は**ハ**になります。

他のものは、**イ**は20A250V接地極付コンセント、**ロ**は15A125V接地極付コンセント、**ニ**は15A250V接地極付コンセントになります。

答え ハ

防雨形コンセントの図記号

防雨形コンセントは写真のコンセントです。屋外などの雨水のかかる場所で使われます。

図記号は、コンセントの記号に「WP」と傍記表示します。WPとはWaterproofの略で防雨形を表します。

接地端子

防雨形コンセントで、抜け止め形や接地極付、接地端子付のものは、それらの種類も傍記表示します。接地端子は防雨形コンセントの右下にあります(前頁写真参照)。

コンセントの口数

コンセントが2口以上のものは、その口数を傍記表示します。例えば2口コンセントの場合は、コンセントに「2」と傍記表示します。

例題 7

⑱で示す図記号の器具は。

 イ.

 ロ.

 ハ.

 ニ.

(平成25年度上期 問い48)

解説・解答

⑱のコンセントに傍記表示された**LK ET WP**は抜け止め形接地端子付防雨形コンセントを表します。数値が書かれていないので、1口コンセントで該当する写真は**ニ**になります。

答え ニ

取り付け場所によるコンセントの図記号

取り付け場所によるコンセントの図記号があります。

①**壁に取り付ける場合** 施設する壁側を塗ります。		②**天井面に取り付ける場合** 何も塗らない図記号になります。	
③**床面に取り付ける場合** ▲を下につけます。		④**二重床用** 次の図記号のようになります。	

例題
8

②で示す図記号の器具の取り付け場所は。

イ. 天井面　　**ロ**. 壁面　　**ハ**. 床面　　**ニ**. 二重床面

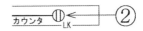

（令和2年度下期 午後 問い32）

解説・解答

図記号は、天井面に取り付ける場合の抜け止め形コンセントを表します。

答え イ

コンセントの図記号と写真

コンセントの図記号の実物の写真は、次のとおりです。

① 2口コンセント （15A125V） 	② 接地極付コンセント （15A125V）
③ 接地端子付コンセント （15A125V） 	④ 接地極付接地端子付 コンセント （15A125V）
⑤ 漏電遮断器付 2口コンセント （15A125V） 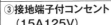 	⑥ 抜け止め形コンセント （15A125V） 

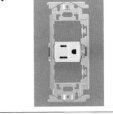

⑦フロアコンセント
（2口）
（15A125V）

 2

⑧ 15A/20A 兼用
接地極付コンセント
（20A125V）

 E20A

⑨単相 200V 用 15A/
20A 兼用接地極付
コンセント
（20A250V）

 E20A250V

⑩三相 200V 用
接地極付コンセント

 3PE250V

> **例題 9**
>
> ⑫で示す図記号の器具は。
>
> ⑫
>
> 2
>
>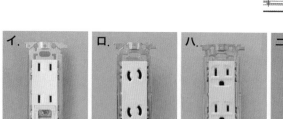
>
> イ. ロ. ハ. ニ.
>
> （2019年度上期 問い42）

解説・解答

コンセントの図記号に 2 と傍記表示されたものは、15A125V 2口コンセントです。
15A125V 2口コンセントの写真はニになります。

答え ニ

💡 **ワンポイント**

アンペア数が傍記表示されていない場合、15Aのコンセントです。

普段見かけるコンセントも
使って覚えてみましょう！

レッツ・トライ！

練習問題③ ⑩で示す部分は引掛形のコン
セントである。その図記号の
傍記表示は。

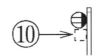

イ．T　　ロ．LK　　ハ．EL　　ニ．H

（令和3年度上期 午後 問い40）

練習問題④ ①で示すコンセントの極配置（刃受）は。

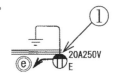

イ．　　　ロ．　　　ハ．　　　ニ．

（令和2年度下期 午後 問い31）

解答

練習問題③ イ

コンセントの傍記表示Tは、引掛形を表します。

練習問題④ ロ

20A 250VとEと傍記表示されたコンセントの図記号は、20A 250V接地極付
（1口）コンセントを表します。

04 点滅器（スイッチ）の図記号

点滅器（スイッチ）の図記号と写真と接点の構成の組合せ、
リモコンスイッチなどについて学びます

点滅器の図記号

点滅器の図記号は、●で表されます。これに併記される傍記表示により、どのような種類の点滅器(スイッチ)なのかを知ることができます。

スイッチの種類と併記する記号は、表のとおりです。

確認表示灯内蔵スイッチや自動点滅器は、よく出題されますので特に覚えておきましょう。

スイッチの種類	記号
3路スイッチ	3
4路スイッチ	4
2極スイッチ	2P
確認表示灯内蔵スイッチ	L
位置表示灯内蔵スイッチ	H
プルスイッチ	P
自動点滅器	A
防雨形スイッチ	WP

一般形とワイドハンドル形

スイッチには、一般的な形の一般形と大きな面で入切できるワイドハンドル形があります。

ワイドハンドル形のスイッチは、◆と表記します。

一般形のスイッチは、その他のスイッチの形になり、記号は、●です(配線図の問題では、◆以外は一般形になります)。

ワイドハンドル形点滅器
（スイッチ）

例題 10

③で示す図記号の名称は。

イ．位置表示灯を内蔵する点滅器
ロ．確認表示灯を内蔵する点滅器
ハ．遅延スイッチ
ニ．熱線式自動スイッチ

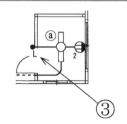

（平成29年度下期 問い33）

解説・解答

③で示す点滅器の図記号には、Ｌと傍記表示されています。これは確認表示灯を内蔵する点滅器を表すものです。

答え ロ

スイッチの写真と接点の構成

スイッチの図記号に関する問題では、写真と接点構成の選択肢を選ぶ形式のものが出題されます。次の６つのスイッチの写真と接点の構成は必ず覚えてください。

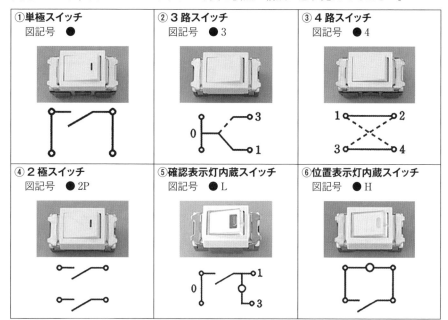

① 単極スイッチ
　図記号　●

② ３路スイッチ
　図記号　● 3

③ ４路スイッチ
　図記号　● 4

④ ２極スイッチ
　図記号　● 2P

⑤ 確認表示灯内蔵スイッチ
　図記号　● L

⑥ 位置表示灯内蔵スイッチ
　図記号　● H

自動点滅器の写真と傍記表示

自動点滅器は次の写真のものです。傍記表示はＡですが、そのあとにカッコ書きで容量(A)が示されます。

図記号　● A（3A）

壁面取付用
自動点滅器

確認表示灯別置の図記号

確認表示灯をパイロットランプで別置する場合の確認表示灯の図記号は○になります。

確認表示灯内蔵スイッチの記号(●ₗ)と異なりますので、注意してください。

図記号　○●

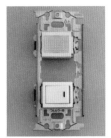

例題 11

⑰で示す図記号の器具は。

ただし、写真下の図は、接点の構成を示す。

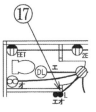

イ.

ロ.

ハ.

ニ.

（平成30年度下期 問い47）

解説・解答

　Lと傍記表示されたスイッチの図記号は、確認表示灯内蔵スイッチを表します。選択肢の中で確認表示灯内蔵スイッチは**ニ**になります。

答え ニ

確認表示灯内蔵スイッチと位置表示灯内蔵スイッチを接点の構成も含めて区別できるようにしておきましょう。

調光器の図記号

　調光器は照明の明るさの調整に使われるものです。次の写真の調光器は白熱灯用のものになります。

図記号　

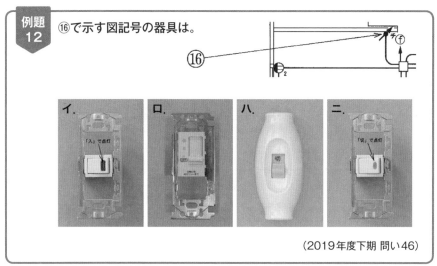

例題 12

⑯で示す図記号の器具は。

（2019年度下期 問い46）

解説・解答

　図記号　は、調光器を表します。調光器の写真は**ロ**になります。

答え ロ

点滅器もいろいろな種類がありますので、
具体的な用途を思い浮かべながら覚える
ようにしましょう！

リモコンスイッチの図記号

　リモコンスイッチは、リモコンリレーを使って照明などを制御するスイッチです。リモコンスイッチの配線に使われる図記号と写真は、次のとおりです。

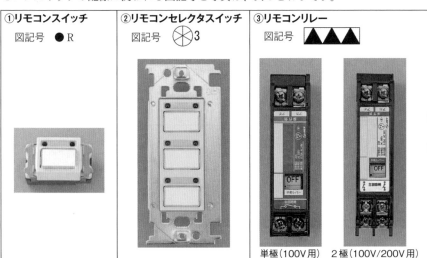

①リモコンスイッチ	②リモコンセレクタスイッチ	③リモコンリレー
図記号　●R	図記号　🔆3	図記号　▲▲▲

単極(100V用)　　2極(100V/200V用)

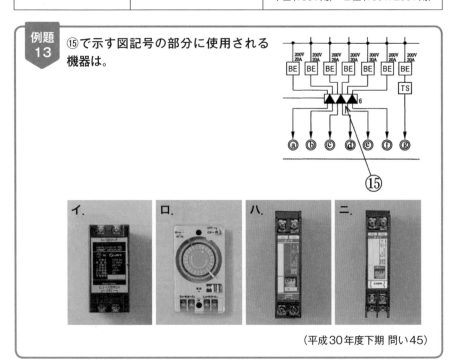

例題 13

⑮で示す図記号の部分に使用される機器は。

（平成30年度下期 問い45）

解説・解答

　図記号は、リモコンリレーを表します。選択肢の写真では、**ハ**と**ニ**がリモコンリレーになりますが、**ハ**は単極、**ニ**が２極という違いがあります。この回路は200Vなので、単極ではなく２極を使います。よって、**ニ**が使用される機器になります。

答え ニ

💡**ワンポイント**

リモコンスイッチの配線に使われる写真は、一般問題でも出ますので覚えておきましょう。

ここでパーフェクトにしておけば、
一般問題でも安心です！

✏️**レッツ・トライ！**

練習問題⑤ ⑥で示す部分は屋外灯の自動点
滅器である。その図記号の傍記
表示として、正しいものは。

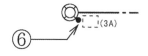

⑥

イ. A　　**ロ**. P　　**ハ**. T　　**ニ**. L

（平成25年度上期 問い36）

解答

練習問題⑤ イ

　自動点滅器の図記号の傍記表示は A になります。Auto（自動）のA と覚えましょう。

05 照明器具、機器の図記号

照明器具、機器の図記号と名称・写真、
ルームエアコンの傍記表示について学びます

照明器具の図記号

照明器具の図記号は、表のとおりです。

蛍光灯は、器具の大きさや形状によって図記号の形が変わってきます。

蛍光灯の図記号は、中央の丸を省略し□□□□と表記される場合もあります。

照 明 器 具	図記号	照 明 器 具	図記号
白熱灯	◯	屋外灯（水銀灯）	◉H
ペンダント	⊖	屋外灯（ナトリウム灯）	◉N
シーリング	㏄	蛍光灯	□◯□
シャンデリヤ	㏊	誘導灯（蛍光灯）	□✕□
埋込器具	㏈	壁付き（壁側を塗る）	◖
引掛シーリング（角）	(·)	壁付き（蛍光灯も同じ）	□◯□
引掛シーリング（丸）	(·)	棚下蛍光灯	□◯□F

例題 14

⑥で示す図記号の名称は。

イ．シーリング（天井直付）
ロ．埋込器具
ハ．シャンデリヤ
ニ．ペンダント

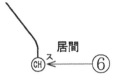

居間

（平成28年度上期 問い36）

解説・解答

図記号は、シャンデリヤを表します。

答え ハ

シャンデリヤはCH、シーリングはCLなどアルファベットで推測できます。

照明器具の写真

　照明器具の図記号と写真の対応は、次のとおりです。壁付か、天井に施設するかで器具そのものの形状が変わりますので、確認しておきましょう。

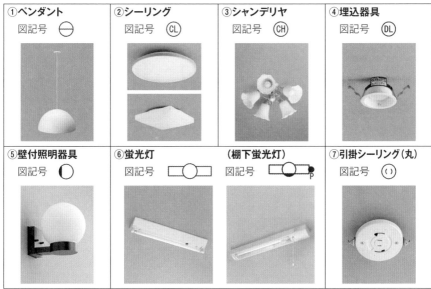

例題15　⑱で示す図記号の器具は。

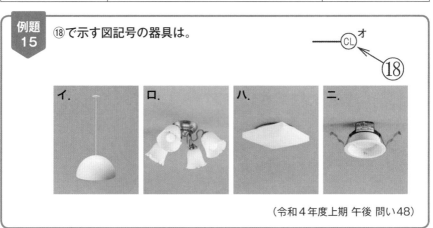

（令和4年度上期 午後 問い48）

解説・解答

　図記号は、シーリングを表します。シーリングの写真は**ハ**になります。

答え ハ

機器の図記号と写真

機器の図記号と写真は、次のとおりです。

①換気扇	②小型変圧器	③低圧進相コンデンサ
図記号 ⊠（天井付き）	・リモコン変圧器 図記号 T_R	図記号 ⊥

図記号 ∞	・ベル変圧器 図記号 T_B	

ルームエアコンの図記号の傍記表示

ルームエアコンは屋外ユニットにはO、屋内ユニットにはIを傍記します。OはOutdoor（屋外）のO、IはIndoor（屋内）のIですので覚えておきましょう。

屋外ユニット　　屋内ユニット

ワンポイント

機器の図記号と写真はセットで覚えておきましょう。

例題 16

⑰で示す図記号の器具は。

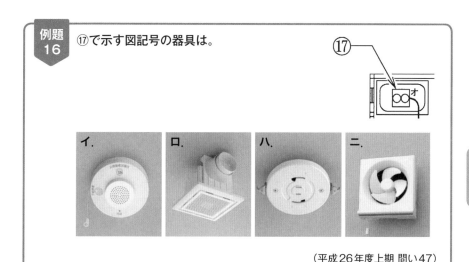

（平成26年度上期 問い47）

解説・解答

図記号は、天井付きの換気扇を表します。天井付きの換気扇の写真は**ロ**になります。

答え ロ

天井に設置する換気扇の図記号は四角、壁に設置する換気扇の図記号は丸になります！

✎ レッツ・トライ！

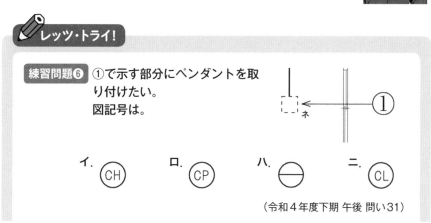

練習問題⑥ ①で示す部分にペンダントを取り付けたい。
図記号は。

イ. CH
ロ. CP
ハ. ⊖
ニ. CL

（令和4年度下期 午後 問い31）

練習問題⑦ ⑭で示す図記号の機器は。

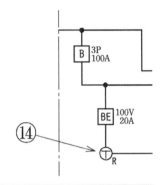

 イ.  ロ.  ハ.  ニ.

（令和2年度下期 午後 問い44）

練習問題⑧ ⑥で示す部分はルームエアコンの屋外ユニットである。その図記号の傍記表示は。

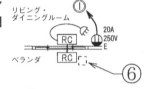

イ. O　　ロ. B　　ハ. I　　ニ. R

（令和3年度上期 午前 問い36）

解答

練習問題⑥ ハ

⊖の図記号は、ペンダントを表します。

練習問題⑦ ニ

Ⓣ_Rの図記号は、リモコン変圧器を表します。

練習問題⑧ イ

ルームエアコンの屋外ユニットに傍記表示されるのはOになります。

06 開閉器・計器、配電盤・分電盤 などの図記号

開閉器・計器、配電盤・分電盤などの図記号と写真、用途について学びます

開閉器の図記号

開閉器の図記号と写真は、次のとおりです（配線用遮断器以外の傍記は省略しています）。

①配線用遮断器

- 2極100V用　図記号

（2極1素子）　（2極2素子）

2極1素子（2P1E）、2極2素子（2P2E）の どちらの配線用遮断器も使えます。

- 2極200V用　図記号 B 200V 2P 20A

（2極2素子）

2極1素子の配線用遮断器は使えません。

②過負荷保護付漏電遮断器

図記号 BE

テストボタン、漏電表示ボタンがあるものです。過電流と地絡電流を遮断します。

③電流計付箱開閉器

図記号 Ⓢ

内蔵されたヒューズで、過電流を遮断します。

④制御配線の信号により動作する開閉器

（電磁開閉器）

図記号 S

制御配線と接続されています。

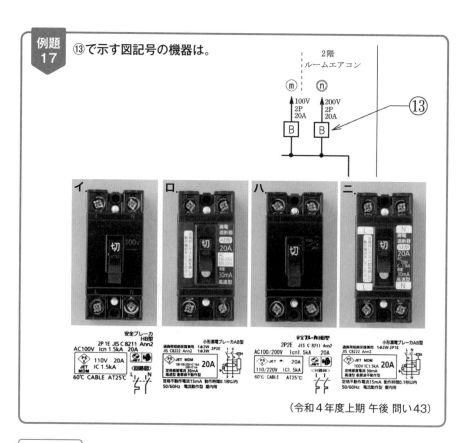

例題 17

⑬で示す図記号の機器は。

（令和4年度上期 午後 問い43）

解説・解答

⑬で示す図記号は配線用遮断器で、200V回路に使用するので、2極2素子(2P2E)のものでなければなりません。該当する配線用遮断器は**ハ**になります。

答え ハ

 ワンポイント

2極1素子の使用に関する配線用遮断器の問題は、一般問題でも出てきます。

スイッチ類の図記号

電磁開閉器などを制御するスイッチ類の図記号と写真は、次のとおりです。

①電磁開閉器用押しボタン	②圧力スイッチ
図記号 B　　　（確認表示灯付） 　　　　　　　　図記号 BL 	特定の圧力で、接点を開閉します。 　図記号 P （過去の試験問題では、写真が出たことが無いので、写真は省略しています）

③フロートスイッチ	④フロートレススイッチ	⑤タイムスイッチ
浮きの原理で、ポンプを制御します。	電極棒を使って、ポンプを制御します。傍記されている数値は電極数です。	点灯する時間や消灯する時間をあらかじめ設定しておくことができます。
図記号 F 	図記号 LF3 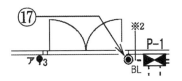	図記号　TS 

例題 18

⑰で示す図記号の器具は。

⑰　※2　P-1　ア3　BL

イ.　確認表示灯	ロ.	ハ.	ニ.
		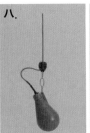	

（平成26年度下期 問い47）

第7章 配線図問題の基本と図記号

219

図記号は、確認表示灯付の電磁開閉器用押しボタンスイッチを表します。この傍記表示のLは、確認表示灯付であることを示すものです。

答え イ

 ワンポイント

制御用のスイッチ類は、普段なかなか見られないものもあります。写真と一緒に覚えてしまいましょう。

電力量計の図記号

配線図問題で出題される計器の図記号は電力量計になります。図記号は図のようになります。

電力量計は送配電事業者によって形状が異なり、最近では「スマートメーター」と呼ばれるものになってきています。今後、試験でもそのような状況に対応した問題が出されるかもしれません。

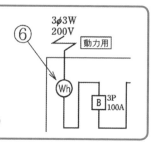

例題 19

⑥で示す図記号の名称は。

イ. 電力計
ロ. タイムスイッチ
ハ. 配線用遮断器
ニ. 電力量計

（平成29年度上期 問い36）

解説・解答

図記号は、電力量計を表します。送配電事業者が電気の使用量を計量するために使用します。

答え ニ

配電盤・分電盤等の図記号

配電盤・分電盤等は、次のような図記号があります。

①分電盤	②制御盤	③配電盤
配線図では電灯回路の分電盤として使われます。	配線図では動力回路の分電盤として使われます。	引き込みをした電気を各負荷へ配電する盤です。
図記号	図記号	図記号

例題 20 ①で示す部分に取り付ける分電盤の図記号は。

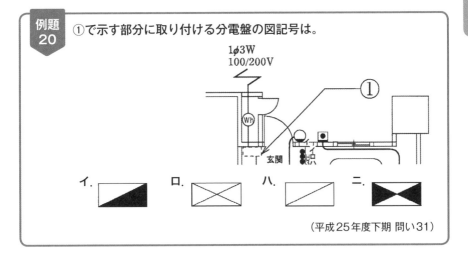

（平成25年度下期 問い31）

解説・解答

分電盤の図記号は**イ**です。

答え イ

分電盤は、配線図の中でも特に重要な設備です。覚えておきましょう。

三相3線式回路の配線図では、制御するための機器（フロートスイッチ、フロートレススイッチ、電磁開閉器）に関する問題が出題されます！

練習問題❾ ④で示す図記号の機器は。

凡例	図中に示す配線回路番号は、次のとおり。
ⓐ～ⓒ：幹線（三相3線200V又は 単相3線100/200V）	
ⓐ～ⓔ：三相200V　　　ⓜ～ⓝ：単相200V	
ⓐ～ⓕ：単相100V　　　※1～※5：制御配線	

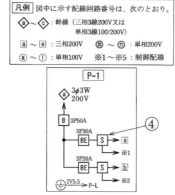

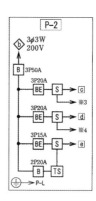

イ． 電流計付箱開閉器
ロ． 電動機の力率を改善する低圧進相用コンデンサ
ハ． 制御配線の信号により動作する開閉器（電磁開閉器）
ニ． 電動機の始動装置

（令和3年度上期 午後 問い34）

練習問題❿ ③で示す図記号の名称は。

※3

－－－・－－－－●←──③
　　　　　　　　　F

※3：制御配線

イ． 圧力スイッチ　　　　　**ロ．** 電磁開閉器用押しボタン
ハ． フロートレススイッチ電極　**ニ．** フロートスイッチ

（平成30年度上期 問い34）

解答

練習問題❾ ハ

　Ｓ の図記号は、開閉器を表します。※1の制御配線があることから、制御配線の信号によって動作する電磁開閉器であることがわかります。

練習問題❿ ニ

　●F の図記号は、フロートスイッチを表します。フロートスイッチは水面を浮くことによって、ポンプや警報ランプを入にすることができます。

第8章

使用する
材料・工具

この章では、配線図問題で出題される材料や工具のもとめ方を学びます。
配線図の図記号などから、どのような工事が行われるかを判断し、そこで使われる材料や工具などを選択します。
そのため、配線図の読み方だけでなく、その工事で使われる材料や工具がどのようなものかを知っておく必要があります！

01 配管工事で使用する材料

配管工事で使用する、ねじなし電線管、
合成樹脂製電線管の材料について学びます

ねじなし電線管の材料

金属管工事の問題では、ねじなし電線管に関する問題が多く出題されています。配線図の配線に（E19）や（E25）が書かれていた場合、使う材料となります。

①ねじなしカップリング	②ねじなしボックスコネクタ	③露出スイッチボックス（ねじなし電線管）
ねじなし電線管相互を接続する材料です。	ねじなし電線管とボックスを接続する材料です。	ねじなし電線管が露出配線（短い点線）の場合に、スイッチやコンセントで使われます（止めネジがあるものです）。

金属管を支持する材料

また、ねじなし電線管を支持する材料を問われることもあります。

①パイラックとパイラッククリップ（商品名）

ねじなし電線管を鉄骨などに固定して支持する材料です。

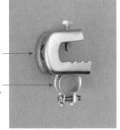

パイラック

パイラック
クリップ

 ワンポイント

配線図での金属管工事は、ねじなし電線管が出題されています。

例題 1

⑭で示す部分の工事で管とボックスを接続するために使用されるものは。

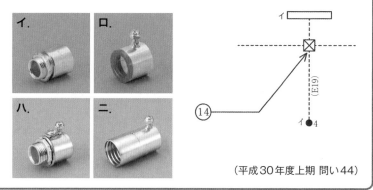

（平成30年度上期 問い44）

解説・解答

⑭では、ねじなし電線管とプルボックスの接続がなされます。ねじなし電線管をプルボックスに接続する材料はねじなしボックスコネクタで、写真では**ハ**になります。

答え ハ

合成樹脂管工事の材料

合成樹脂管工事に使う材料と写真は、次のとおりです。

① TS カップリング
硬質ポリ塩化ビニル電線管同士の接続に使われます。配線図の配線に（VE22）や（VE28）と書かれていた場合に使用する材料となります。

② PF 管用カップリング
合成樹脂製可とう電線管（PF 管）同士の接続に使われます。配線図の配線に（PF16）や（PF22）と書かれていた場合に使用する材料となります。

③ PF 管用ボックスコネクタ
合成樹脂製可とう電線管（PF 管）とアウトレットボックスなどのボックス類との接続に使われます。配線図の配線に（PF16）や（PF22）と書かれていた場合に使用する材料となります。

例題 2

⑫で示す電線管相互を接続するために使用されるものは。

⑫ —→ 600V CV 5.5-2C（VE28）

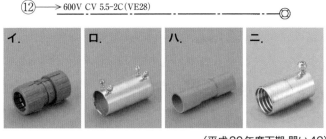

イ．　ロ．　ハ．　ニ．

（平成30年度下期 問い42）

解説・解答

⑫の（VE28）の記号は、硬質塩化ビニル電線管の内径28mmを表します。硬質塩化ビニル電線管相互を接続するのはTSカップリングで、ハの写真になります。

答え ハ

レッツ・トライ！

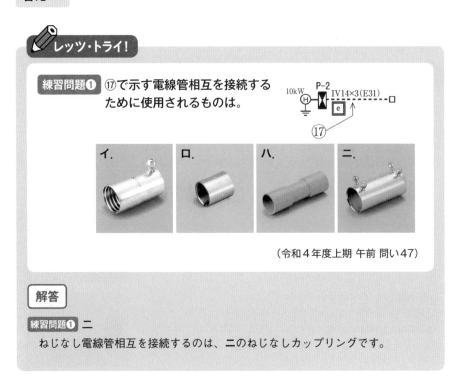

練習問題❶ ⑰で示す電線管相互を接続するために使用されるものは。

10kW ⊕ H P-2 IV14×3（E31） □
e
⑰

イ．　ロ．　ハ．　ニ．

（令和4年度上期 午前 問い47）

解答

練習問題❶ ニ

ねじなし電線管相互を接続するのは、ニのねじなしカップリングです。

02 配線器具取付け工事で 使用する材料・その他の材料

配線器具取付け工事で使用する材料や
その他の工事で使用する材料について学びます

木造住宅で使うスイッチボックス

　木造住宅でのスイッチやコンセントなどの配線器具への取り付けには、**住宅用スイッチボックス**が使われます。

　木造壁の柱に木ねじなどで取り付けられ、石こうボードの穴をあけて、スイッチやコンセントなどの配線器具を取り付けます。

住宅用スイッチボックス

例題 3　⑪で示す点滅器の取付け工事に使用するものは（木造1階建住宅）。

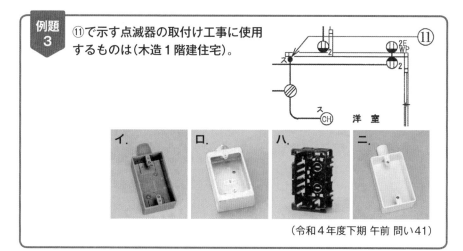

（令和4年度下期 午前 問い41）

解説・解答

　写真の中で、使われているのは住宅用スイッチボックスです。木造壁の柱などに取り付けられ、スイッチやコンセントなどの配線器具の取り付けに使用されます。

答え ハ

配線器具のプレート（化粧プレート）

スイッチに取り付けるプレート（化粧プレート）は、スイッチの数によって、穴の形が異なります。

一個用 　　　　　二個用 　　　　　三個用

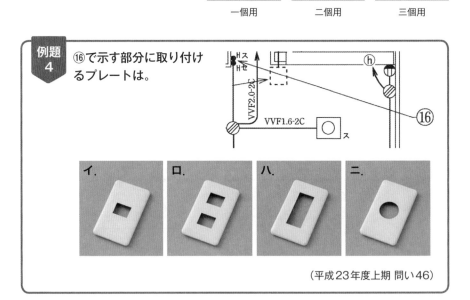

例題 4

⑯で示す部分に取り付けるプレートは。

イ.　　　　　ロ.　　　　　ハ.　　　　　ニ.

（平成23年度上期 問い46）

解説・解答

⑯では、位置表示灯内蔵スイッチが2個付くので、**ロ**の二個用のプレートを使います。

答え **ロ**

ワンポイント

スイッチの場合は、個数でプレートが決まりますが、コンセントの場合、2個用でも3個用のプレートを使う場合があります。

DV線を引き留める材料

受電点ではDV線を引き留める引き留めがいしを使います。送配電事業者によって形状が異なります。

引き留めがいしの材質は、近年ではセラミック製のものだけでなく、合成樹脂製のものもあります。

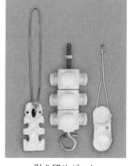

引き留めがいし

例題5 ⑪で示す部分でDV線を引き留める場合に使用するものは。

3φ3W
200V

⑪

イ.	ロ.	ハ.	ニ.
		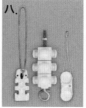	

（平成27年度上期 問い41）

解説・解答

⑪で使用するのは、引き留めがいしです。

答え ハ

 ワンポイント

がいしとは、電線と建造物の支持する場所を絶縁するためのものです。セラミック（陶器）がよく使われています。

03 使用する工具

配線図で描かれている、
それぞれの工事で使用する工具の選定を学びます

電線管の施工で使用する工具

電線管の施工では、電線管の種類によって使う工具が異なります。

①ねじなし電線管の工事に使う工具

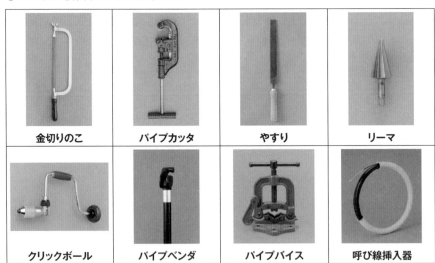

金切りのこ	パイプカッタ	やすり	リーマ
クリックボール	パイプベンダ	パイプバイス	呼び線挿入器

②硬質ポリ塩化ビニル電線管の工事に使う工具

合成樹脂管用カッタ	トーチランプ	面取器	呼び線挿入器

③PF管の工事に使う工具

④FEP管の工事に使う工具

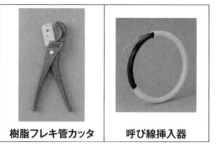

| 樹脂フレキ管カッタ | 呼び線挿入器 | 金切りのこ | 呼び線挿入器 |

例題 6

⑬で示す部分の配線工事で一般的に使用されることのない工具は。

600V CV 5.5-2C（VE28）

⑬

イ． ロ． ハ． ニ．

（平成30年度下期 問い43）

解説・解答

⑬の部分は硬質ポリ塩化ビニル電線管を使った合成樹脂管工事です。硬質ポリ塩化ビニル電線管の合成樹脂管工事には、塩ビカッタ（**ロ**）、面取り器（**ハ**）、トーチランプ（**ニ**）を使いますが、**イ**のパイプレンチは使われません。

答え **イ**

電線の接続に使う工具

電線接続は、接続箇所の抵抗が増加して火災が発生するなどの危険があるため、基準が定められています。その基準に適合した専用の工具を使う必要があります。

①圧着端子と電線を接続する工具	②リングスリーブで電線同士を接続する工具	③太い電線を接続する工具
8mm^2 以下の電線の接続に使います（工具によって異なる）。	柄の色は黄色になります。	14mm^2 以上の電線の接続に使います（工具によって異なる）。

圧着端子用圧着工具	リングスリーブ用圧着工具	油圧式圧着工具

電線の切断に使う工具

電線の切断では、電線の太さによって切断する工具が異なります。

①細い電線の場合		②太い電線の場合	
細い電線の場合、ペンチを使います。	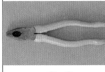	太い電線の場合、ケーブルカッタを使います。	
	ペンチ		ケーブルカッタ

ケーブル（絶縁電線）の外装はぎ取り・絶縁被覆むきに使う工具

ケーブル（絶縁電線）の外装はぎ取り・絶縁被覆むきには、次の工具を使います。

ナイフ	ケーブルストリッパ

接地工事で使用する工具・材料

接地工事で使用する工具・材料は、次のとおりです。

裸圧着端子	接地棒	セットハンマー	ナイフ	圧着端子用圧着工具

例題
7

⑯の部分で写真に示す圧着端子と接地線を圧着接続するための工具は。

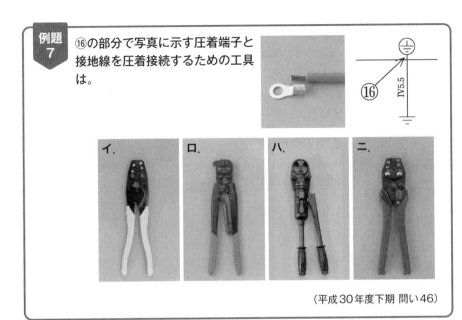

（平成30年度下期 問い46）

解説・解答

　ニは裸圧着端子用の圧着工具で、設問の5.5mm²の接地線に裸圧着端子の接続ができるものです。ニが適切なものになります。

答え ニ

穴あけをする工具

　造営材や材料の材質によって、穴をあける工具が決まってきます。

①金属性のものに穴あけをする工具

ホルソ

電気ドリル

ノックアウトパンチャ

②木製のものに穴あけをする工具

クリックボール

木工用ドリルビット

電気ドリル

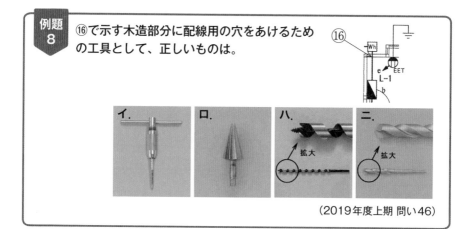

例題8

⑯で示す木造部分に配線用の穴をあけるための工具として、正しいものは。

（2019年度上期 問い46）

解説・解答

　ハは木工用ドリルビットで、木造部分に穴をあけるのに使用されます。

答え ハ

レッツ・トライ！

練習問題❷ ⑰で示す地中配線工事で使用する工具は。

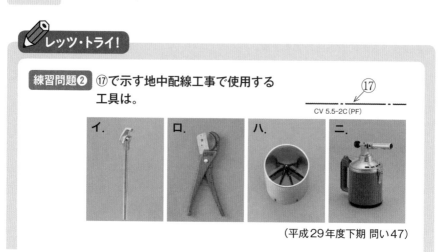

（平成29年度下期 問い47）

練習問題❸ ⑫で示すVVF用ジョイントボックス部分の工事を、リングスリーブE形による圧着接続で行う場合に用いる工具として、適切なものは。

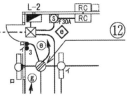

イ.

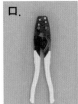
ロ.

ハ.

ニ.

（平成29年度下期 問い42）

練習問題❹ ⑱で示す分電盤（金属製）の穴あけに使用されることのないものは。

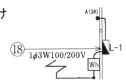

イ.

ロ.

ハ.

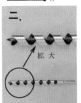
ニ.

（令和2年度下期 午後 問い48）

解答

練習問題❷ ロ

ロの合成樹脂フレキシブルカッタがPF管の切断に使われます。

練習問題❸ ロ

リングスリーブE形の圧着接続には、黄色の柄のリングスリーブ用圧着工具を使う必要があります。

練習問題❹ ニ

ニの写真は、木工用ドリルビットです。

04 使用する測定器

配線図の問題で検査・測定などを指定された場合に
使用する測定器について学びます

使用する測定器

測定する内容から見た、使用する測定器とその写真は、以下のとおりです。

①絶縁抵抗の測定	②接地抵抗の測定	③負荷電流の測定

絶縁抵抗計(MΩが目印)	接地抵抗計	クランプ形電流計
④漏れ電流の測定	⑤電圧と極性（単相3線式 100/200V）の確認	⑥回路の相順（相回転）を調べるもの

クランプ形漏れ電流計	検電器(極性確認)〈上〉 回路計(電圧確認)〈下〉	検相器

どの測定で、どの測定器を使うのか、写真
と一緒にしっかり覚えておきましょう！

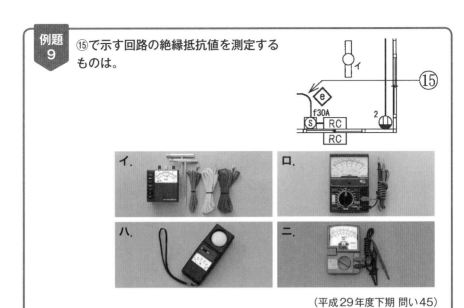

例題9 ⑮で示す回路の絶縁抵抗値を測定するものは。

（平成29年度下期 問い45）

解説・解答

絶縁抵抗値を測定する測定器は絶縁抵抗計です。通称メガーと呼ばれ、見分け方としては表示板中央に「MΩ」と表記されています。

答え ニ

ワンポイント

測定器の写真での判別は、この段階で完ぺきにしておきましょう。

目に見えない電気がどうなっているのかを知る測定器は、電気工事において必須のアイテムです！

練習問題❺ ⑬で示す回路の負荷電流を
測定するものは。

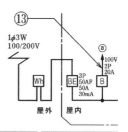

（令和4年度下期 午前 問い43）

練習問題❻ ⑫で示すコンセントの電圧
と極性を確認するための
測定器の組合せで、正しい
ものは。

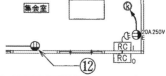

（平成30年度上期 問い42）

解答

練習問題❺ ロ

幹線の負荷電流を測定できるのは、**ロ**のクランプメータです。

練習問題❻ ロ

電圧の測定には**回路計**が、極性は**検電器**で調べることができます。

第9章

電気設備の
技術基準の解釈に
適合する工事

この章では、配線図の条件から「電気設備
の技術基準の解釈」に適合する工事が
どのようなものかを学びます。
「電気設備の技術基準の解釈」に規定さ
れた条件を配線図に当てはめ、適切なも
のを選択できるようにします。
接地工事や絶縁抵抗など一般問題で出題
されたものも出ますので、再度確認しま
しょう！

01 引込線・引込口配線

引込線取付点の高さと、木造住宅の屋側配線工事の
種類について学びます

引込線取付点の高さ

引込線取付点の高さは、道路を横断せず、技術上やむを
得ない場合で、交通に支障がない場合、その地表面からの
高さの最低値は2.5mになります。

その他の場合（歩行の用のみに供される道路を除く道路
を横断する場合、鉄道または軌道を横断する場合、横断歩
道橋の上に施設する場合を除く）は、4mになります（電
気設備の技術基準の解釈 第116条）。

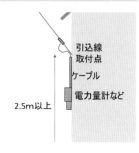

ワンポイント

引込線取付点の高さは「電気設備の技術基準の解釈」で定められています。

例題 1

⑤で示す引込線取付点の地表上の高さ
の最低値［m］は。
ただし、引込線は道路を横断せず、技術
上やむを得ない場合で交通に支障がな
いものとする。

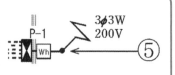

イ. 2.5　　ロ. 3.0　　ハ. 3.5　　ニ. 4.0

(令和4年度上期 午前 問い35)

解説・解答

引込線取付点の高さは道路を横断せず、技術上やむを得ない場合で交通に支障がない
場合、2.5m以上の高さとすることができます。

答え イ

木造住宅の屋側電線路の施設

　木造住宅の屋側電線路で施設できるのは、がいし引き工事（展開した場所に限る）、合成樹脂管工事、ケーブル工事（シースが金属製以外）です。**金属管工事やバスダクト工事は、施工できません**（電気設備の技術基準の解釈第110条）。

屋側電線路

例題2

④で示す部分の工事方法として、適切なものは。（木造3階建住宅）

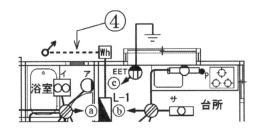

　イ．金属管工事
　ロ．金属可とう電線管工事
　ハ．金属線ぴ工事
　ニ．600V架橋ポリエチレン絶縁ビニルシースケーブル（単心3本のより線）を使用したケーブル工事

（令和4年度下期 午後 問い34）

解説・解答

　木造住宅の屋側電線路で施設できるのは、
- がいし引き工事（展開した場所に限る）　　・合成樹脂管工事
- ケーブル工事（シースが金属製以外）

となります。該当するのは、**ニ**のケーブル工事だけです。

答え ニ

木造住宅の屋側配線工事では、金属製の材料を使った施工はできません。

241

02 引込口開閉器の省略

引込口開閉器の省略の条件
（屋外配線の長さ）について学びます

引込口開閉器の省略

　低圧屋内電路には、引込口近くに開閉器を施設しなければなりません。ただし、使用電圧300V以下で、供給を受ける他の屋内電路が20A配線用遮断器で保護され、屋外配線15m以下の場合は開閉器の省略ができます（電気設備の技術基準の解釈　第147条）。

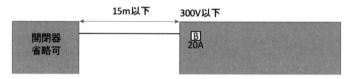

> **例題3**
>
> ⑤の部分の電路で倉庫の引込口に開閉器が省略できないのは、電路の長さが何メートルを超える場合か。（20Aの配線用遮断器で保護）
>
> **イ**. 8　**ロ**. 10　**ハ**. 15　**ニ**. 20
>
>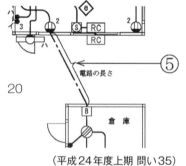
>
> （平成24年度上期 問い35）

解説・解答

　低圧屋内電路の引込口には、開閉器を設けなければなりませんが、15Aを超え20A以下の配線用遮断器で保護されている、他の屋内電路から電気の供給を受ける場合、接続する長さが15m以下であれば省略できます。

　よって、引込口開閉器が省略できないのは、電路の倉庫の引込口の長さが15mを超える場合になります。

答え ハ

03 地中電線路の埋設深さ

地中電線路のそれぞれの条件による
埋設深さについて学びます

地中電線路の直接埋設式の埋設深さ

地中電線路の直接埋設式の埋設深さは、以下のとおりです（電気設備の技術基準の解釈 第120条）。

①車両その他の重量物の圧力を受けるおそれがある場所

1.2m以上の埋設

②車両その他の重量物の圧力を受けるおそれがない場所

0.6m以上の埋設

0.6m以上　　　1.2m以上

例題4

①で示す部分の地中電線路を直接埋設式により施設する場合の埋設深さの最小値［m］は。
ただし、車両その他の重量物の圧力を受けるおそれがある場所とする。

イ. 0.3　　**ロ.** 0.6
ハ. 1.2　　**ニ.** 1.5

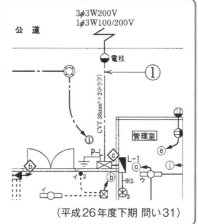

3φ3W200V
1φ3W100/200V

公 道

電柱

①

CVT 38mm²×2(トラフ)

管理室

P-L

L-1

※5

（平成26年度下期 問い31）

解説・解答

地中電線路を直接埋設式により施設する場合、車両など重量物の圧力を受けるおそれのある場所では、1.2m以上の埋設深さで施設する必要があります。

答え ハ

04 接地工事

重要度 ★★★

配線図における接地工事の接地抵抗値、接地線の太さ、地絡遮断装置が設置された場合について学びます

接地工事の接地抵抗の最大値と接地線の太さ

接地工事の接地抵抗の最大値と接地線の太さは次の表のようになります。

接地工事の種類	適用条件	接 地 抵 抗 値		接地線の太さ
C種接地工事	300Vを超え低圧用のもの	10Ω以下	0.5秒以内に自動的に電路を遮断する装置を設けた場合は500Ω以下	1.6mm
D種接地工事	300V以下の低圧用のもの	100Ω以下		

配線図は基本的に300V以下（単相3線式100/200Vか三相3線式200V）になるので、**D種接地工事**になります（400V回路はC種接地工事）。

また【注意】などで、動作時間0.5秒以下の漏電遮断器を設置されていた場合の接地抵抗の最大値は**500Ω以下**です。接地線の太さは**1.6mm以上**になります。

例題 5

⑦で示す部分の接地工事の接地抵抗の最大値と、電線（軟銅線）の最小太さとの組合せで、適切なものは。

【注意】漏電遮断器は、定格感度電流30mA、動作時間0.1秒以内のものを使用している。

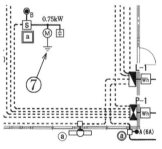

イ．100Ω　2.0mm

ロ．300Ω　1.6mm

ハ．500Ω　1.6mm

ニ．600Ω　2.0mm

（令和4年度上期 午前 問い37）

解説・解答

三相3線式200V回路（3φ3W200V）なので、300V以下の低圧用になり、D種接地工事となります。また、【注意】に「漏電遮断器は…動作時間0.1秒以内のものを使用している」と書かれており、動力分電盤P-1には、漏電遮断器が設置されています。0.5秒以内に自動的に電路を遮断する装置に該当するので、接地抵抗の最大値は500Ωとなります。

電線（軟銅線）の最小太さは1.6mmになります。

答え ハ

地絡遮断装置が設置されていない場合

配電盤などの接地工事で、地絡遮断装置が引込線の電源側に設置されていない場合のD種接地工事は100Ω以下になります。

例題6

⑦で示す部分の接地工事における接地抵抗の許容される最大値[Ω]は。
なお、引込線の電源側には地絡遮断装置は設置されていない。

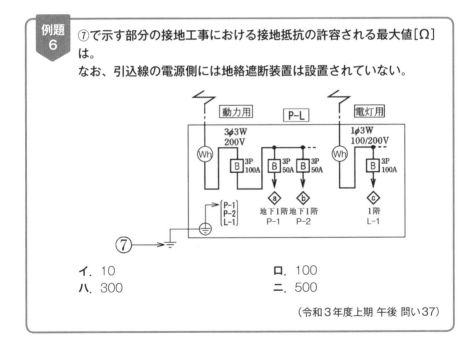

イ. 10 ロ. 100
ハ. 300 ニ. 500

（令和3年度上期 午後 問い37）

解説・解答

⑦で示す部分はP-1、P-2、L-1の分電盤、制御盤の接地工事で、300V以下になるのでD種接地工事です。また、引込線の電源側には地絡遮断装置が設置されていない

ので、接地抵抗の許容される最大値は100Ωになります。

答え ロ

 レッツ・トライ!

練習問題❶ ⑧で示す部分の接地工事の種類及びその接地抵抗の許容
される最大値［Ω］の組合せとして、正しいものは。
【注意】漏電遮断器は、定格感度電流30mA、動作時間0.1秒以内の
ものを使用している。

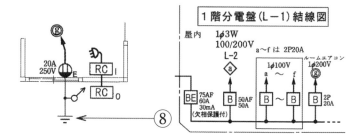

イ．A種接地工事　　10Ω　　ロ．A種接地工事　　100Ω
ハ．D種接地工事　100Ω　　ニ．D種接地工事　500Ω

（令和3年度下期 午前 問い38）

解答

練習問題❶ ニ

　単相3線式100/200Vなので、300V以下の低圧用になり、D種接地工事となり
ます。また、【注意】に「漏電遮断器は…動作時間0.1秒以内のものを使用している」
と書かれており、⑧回路の分電盤L-1には、漏電遮断器が設置されています。0.5
秒以内に自動的に電路を遮断する装置に該当するので、500Ω以下となります。

接地抵抗値が100Ωになる場合、「なお、引込
線の電源側には地絡遮断装置は設置され
ていない」と書かれることが多いです!

05 絶縁抵抗

配線図における電路の使用電圧区分による
絶縁抵抗の最小値について学びます

絶縁抵抗の最小値

絶縁抵抗値は、次の表のとおりです。

単相3線式100/200V（電灯回路）は0.1MΩ以上、三相3線式200V（動力回路）は0.2MΩ以上となります。

電路の使用電圧区分		絶縁抵抗値	該当する電路
300V 以下	対地電圧 150V 以下	0.1MΩ以上	単相2線式 100V、単相3線式 100V/200V
	対地電圧 150V を超えるもの	0.2MΩ以上	三相3線式 200V
300V を超え600V 以下		0.4MΩ以上	三相4線式 400V

 例題7

⑤で示す部分の電路と大地間の絶縁抵抗として、許容される最小値[MΩ] は。

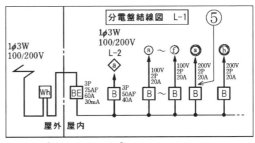

イ. 0.1 **ロ.** 0.2 **ハ.** 0.4 **ニ.** 1.0

（令和4年度下期 午後 問い35）

解説・解答

⑤で示す部分は、単相3線式100/200V回路から分岐した200V回路で、対地電圧は100Vですので150V以下になり、0.1MΩ以上になります。

答え イ

ワンポイント

電灯回路か動力回路かを見分けられると、0.1MΩか0.2MΩかすぐに判断できます。

電灯回路と動力回路を見分けられるようにしておきましょう！

レッツ・トライ！

練習問題❷ ⑥で示す部分の電路と大地間との絶縁抵抗として、許容される最小値［MΩ］は。

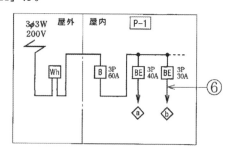

イ. 0.1　　ロ. 0.2　　ハ. 0.4　　ニ. 1.0

（令和２年度下期 午後 問い36）

解答

練習問題❷ ロ

　⑥の回路は三相３線式200V回路で、300V以下で対地電圧150Vを超えます。よって、絶縁抵抗として許容される最小値は0.2MΩになります。

06 配線用遮断器

配線図における配線用遮断器の200V回路での
施設や定格電流について学びます

単相3線式100/200Vの配線用遮断器の素子数

　単相3線式100/200V回路で施設される配線用遮断器は、100V回路は2極1素子、もしくは2極2素子のもの。200V回路は、2極2素子のものになります。

　また、主幹の漏電遮断器(過負荷保護付、中性線欠相保護付)は3極2素子になります。200V回路では2極1素子の配線用遮断器は使えませんので、注意が必要です。

例題8

⑦の部分で施設する配線用遮断器は。

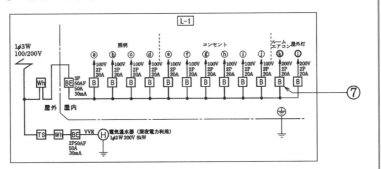

イ. 2極1素子　**ロ.** 2極2素子　**ハ.** 3極2素子　**ニ.** 3極3素子

（平成26年度上期 問い37）

解説・解答

　⑦の配線用遮断器は200V回路用です。単相3線式100/200Vでは、200V回路には2極1素子の配線用遮断器を使うことができません。また3極の配線用遮断器も使えませんから、答えは**ロ**の2極2素子の配線用遮断器になります。

答え ロ

例題 9

⑤で示す部分に施設する機器は。

イ．3極2素子配線用遮断器（中性
線欠相保護付）

ロ．3極2素子漏電遮断器（過負荷
保護付、中性線欠相保護付）

ハ．3極3素子配線用遮断器

ニ．2極2素子漏電遮断器（過負荷
保護付）

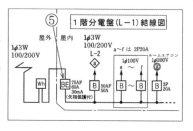

（令和3年度下期 午前 問い35）

解説・解答

図は漏電遮断器（過負荷保護付、中性線欠相保護付）で、3極2素子になります。

答え ロ

配線用遮断器の定格電流

コンセントに対する配線用遮断器の定格電流は、次の表のとおりです。

15Aのコンセントが設置された回路では、20A以下の配線用遮断器が設置されます。

配線用遮断器の 定格電流	電線の太さ	コンセント
20A	1.6mm 以上	20A 以下
30A	2.6mm 以上 5.5mm² 以上	20A 以上 30A 以下
40A	8mm² 以上	30A 以上 40A 以下

例題 10

⑤で示す機器の定格
電流の最大値[A]は。

イ．15　ロ．20
ハ．25　ニ．30

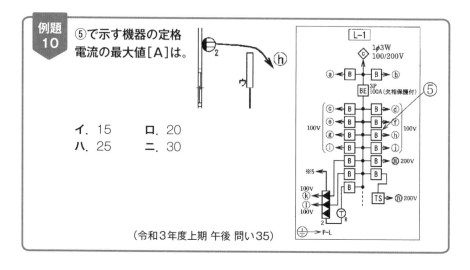

（令和3年度上期 午後 問い35）

　ⓗの配線のコンセントは、15Aで20A以下なので、この配線用遮断器の定格電流の最大値は20Aになります。

答え ロ

ワンポイント

15Aのコンセント配線では、配線用遮断器の定格電流の最大値は20Aになります。

レッツ・トライ!

練習問題❸ ⑥で示す部分に施設してはならない過電流遮断装置は。

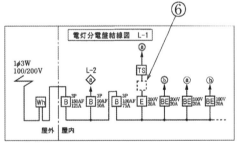

　イ. 2極にヒューズを取り付けたカバー付ナイフスイッチ
　ロ. 2極2素子の配線用遮断器
　ハ. 2極にヒューズを取り付けたカットアウトスイッチ
　ニ. 2極1素子の配線用遮断器

（令和4年度上期 午前 問い36）

解答

練習問題❸ ニ
　⑥は単相200V回路なので、2極1素子の配線用遮断器は使えません。

07 電球線、小勢力回路の施設

電球線で使用できるコードと
小勢力回路の図記号・電圧・使用電線について学びます

電球線で使用できるコード

電球線で使用できるコードは、ビニルコード以外の0.75mm²以上のものになります。

例題 11

⑨で示す器具にコード吊りで白熱電球
を取り付ける。使用できるコードと
最小断面積の組合せとして、正しい
ものは。

イ. 袋打ちゴムコード　0.75mm²
ロ. ゴムキャブタイヤコード　0.5mm²
ハ. ビニルコード　0.75mm²
ニ. ビニルコード　1.25mm²

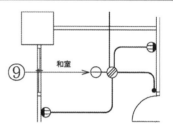

（平成25年度下期 問い39）

解説・解答

　電球線の取り付けで使用できるコードは、断面積が0.75mm²以上で、ビニルコード
は使用できません。よって、**イ**の袋打ちゴムコード0.75mm²になります。

答え **イ**

小勢力回路の図記号

　配線図問題でよく出てくる、小勢力回路の図記号
は次のとおりです。

①押しボタン	②チャイム

小勢力回路の電圧

小勢力回路の最大使用電圧は**60V**になります。

> **例題 12**
>
> ②で示す部分の小勢力回路で使用
> できる電圧の最大値［V］は。
>
> イ. 24　　ロ. 30
> ハ. 40　　ニ. 60

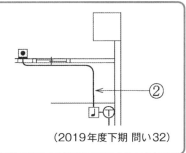

（2019年度下期 問い32）

解説・解答

小勢力回路で使用できる電圧の最大値は60Vです。

答え ニ

小勢力回路で使用できる電線

小勢力回路で使用できる電線は、直径0.8mm以上の軟銅線のものになります（ケーブル・通信用ケーブルを除く）。

> **例題 13**
>
> ⑨で示す部分の小勢力回路で使用できる
> 電線（軟銅線）の最小太さの直径［mm］
> は。
>
> イ. 0.8　　ロ. 1.2
> ハ. 1.6　　ニ. 2.0

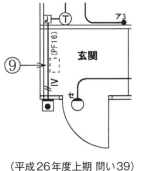

（平成26年度上期 問い39）

解説・解答

小勢力回路の施設では、電線は直径0.8mm以上の太さであることが決められています。

答え イ

配線図問題で点を取るコツ

　「配線図問題」が苦手という人は多いようです。配線図そのものを見たことがなかったり、たくさんの配線を見て圧倒されたりしてしまうこともあるかもしれません。

　ただ、実際の電気工事では、施工する人と施工を指示する人のコミュニケーションツールとして、配線図は非常に大きな役割のあるものなのです。

　ちょっとしたコツをつかんで、配線図の読み方に慣れていきましょう。

●平面図は建物をイメージしながら見る

　プロの電気工事士は、配線図を見る際、どのような建物のどの場所に設備があるのか、また、どのようなルートで配線するのかなどを見ています。実際に工事をする際に重要となるのは、そのような情報です。

　電気工事士試験では、そこまで厳密に見る必要性はないのですが、どういった建物で、どのような設備が設置されるのかをイメージできるとよいでしょう。

　例えば、配線図で住宅の玄関スイッチなどが書かれていた場合、自宅の玄関スイッチなどを連想してみてください。店舗や事務所なども、具体的な建物をイメージしながら見てみると、より理解しやすくなります。

●分電盤結線図は平面図と合わせて見る

　「分電盤結線図」は、配線の集中する場所です。そこから建物へのすべての電線が配線されていきます。

　ですから、分電盤を中心と考えて、建物にどのように配線されているのかを追いかけながら見ていきます。分電盤結線図の回路番号と平面図の回路番号を照らし合わせながら、各回路を見ていきましょう。

第10章

最少電線本数とボックス内接続

この章では、配線図の最少電線本数とボックス内接続をもとめるために必要な「複線化」を行う方法について学びます。

配線図は単線図ですので、最少電線本数とボックス内接続をもとめるためには、複線化という技法が必要になります。

ここでは、簡単なところから始め、実際の問題にある複雑な配線も複線化できるようにします！

01 単線図の複線化

配線図を複線化する基本をさまざまなケースから学びます。
最後に実際に配線図を複線化してみましょう

　配線図で表記されている配線は単線図です。しかし、実際の配線を行うには、電線が何本必要か、あるいはケーブルの心線数はいくらか、接続箇所の数などを具体的に知る必要があります。

　このため、配線図にある単線図を複線図に変換する「**複線化**」を行わなければなりません。

　しかし、いきなり問題の配線図を複線化するのは難しいですから、ここでは要素ごとに切り分け、一つ一つ複線化していきます。最後に、配線図に近似の単線図を6段階かけて複線化してみましょう。

100V回路の電源の複線化

　100V回路の電源からの電線（分電盤からの電線）は**接地側電線**（白色）と**非接地側電線**（黒色）になります。

　接続される負荷には、この電線が直接もしくはスイッチなどを経由して入ってくることになります。

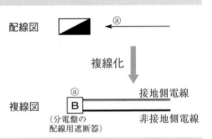

コンセントの複線化

　コンセントには、電源からの電線（接地側電線と非接地側電線）2本がダイレクトに入ります。コンセントの個数は無関係です。2個のものであろうと3個のものであろうと2本が入るだけです。

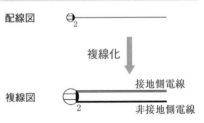

また、コンセントからコンセントに送る場合も 2 本です。

配線図

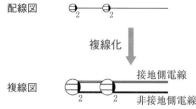

複線化

複線図

接地側電線
非接地側電線

接地極付、接地端子付コンセントの複線化

接地極付コンセントや接地端子付コンセントは、電源の電線に接地線が入ってきます。電源と一緒に別の場所から配線される場合は、電源 2 本＋接地線 1 本と 3 本にします。

配線図

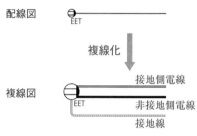

複線化

複線図

接地側電線
非接地側電線
接地線

接地線は、コンセントの場所で直接接地されている場合は、加算せず 2 本のままです。

配線図

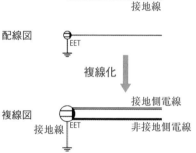

複線化

複線図

接地側電線
接地線
非接地側電線

スイッチと器具の複線化

スイッチによって器具の入切をする回路（スイッチ回路）は、少し複雑になります。

①スイッチ 1 個の場合

接地側電線が器具に入り、非接地側電線がスイッチに入り、器具スイッチ間を別に配線します（スイッチ結線）。

配線図

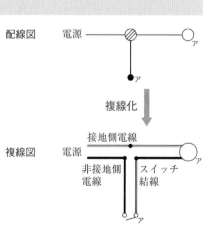

電源

複線化

複線図

電源

接地側電線
非接地側電線
スイッチ結線

257

②スイッチ1個で複数の器具を入切する場合

スイッチ1個で複数の器具を入切する回路では、器具から電線を2本送るか、ジョイントボックスから、接地側電線とスイッチ結線の電線を送るという方法になります。

右図は器具から送ったものです。

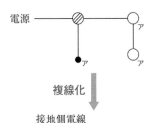

ジョイントボックスから送ると図のようになります。

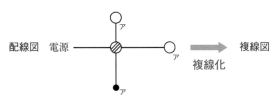

③スイッチが複数個の場合

一箇所に複数のスイッチが設置される場合、電源から行く非接地側電線は共通線として1本だけ配線し、わたり線でわたります。したがって、スイッチに行く電線の数は、スイッチの数＋共通線です。

2個スイッチがあれば、2＋共通線1本で電線の数は3本になります。

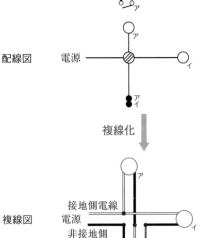

④位置表示灯内蔵スイッチの複線化

位置表示灯内蔵スイッチも単極スイッチと同じように配線します。

3路スイッチ、4路スイッチの複線化

①3路スイッチの複線化

3路スイッチは、スイッチ2個のどちらからでも器具の入切のできるスイッチです。階段の踊り場にある照明や廊下の照明など、2カ所で入切したい場所に使われます。

複線化では、

（1）まず接地側電線が器具に入ります。非接地側電線は、原則として電源（分電盤）により近い一方の3路スイッチの0に入ります。

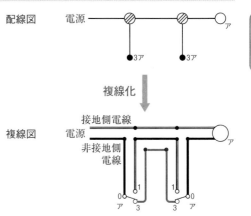

（2）器具とスイッチ間の結線（スイッチ結線）は、もう片方の3路スイッチの0に入ります。

（3）最後に3路スイッチの1と3同士を接続します。

なお、非接地側電線が入った3路スイッチの場所に他のスイッチがある場合、**共通線**としても使えます。

②4路スイッチの複線化

3路スイッチをさらに発展させたのが4路スイッチで、こちらは3箇所以上の場所にあるスイッチのどこからでも入切できるスイッチです。

3路スイッチ間の1と3の2本の配線を切り替えることによって、そのような動作ができるようになります。

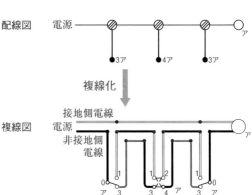

他のジョイントボックスへの配線の複線化

他のジョイントボックスへの配線では、同一の器具とスイッチ、もしくは3路スイッチがジョイントボックス間を挟んでいない場合は、単に電源の2本の電線（非接地側電線と接地側電線）を配線するだけになります。

配線図問題では、このようになることが多いですので、確認しておきましょう。

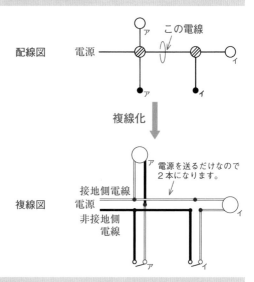

小型変圧器への配線の複線化

小型変圧器への配線は、電源の2本の電線（非接地側電線と接地側電線）を配線します。

屋外灯、棚下蛍光灯などへの配線の複線化

自動点滅器が付いた屋外灯やプルスイッチの付いた棚下蛍光灯などは、器具側でスイッチ結線を行うので、電源の2本の線を送るだけです。

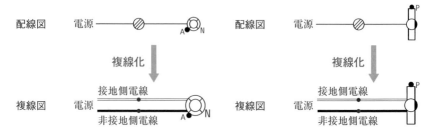

配線図の複線化

今まではそれぞれの要素ごとの複線化を見てきましたが、これらが組み合わさった配線図を複線化しなければなりません。

大変なようですが、手順どおり行えば、だれでも複線図ができます。例題1を使ってゆっくりでいいですので、手順に沿って複線化をしてみましょう。

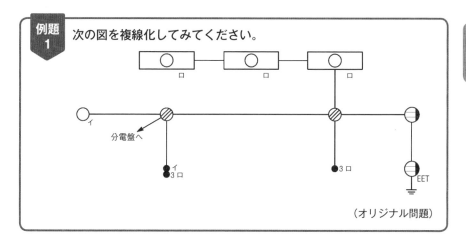

例題1 次の図を複線化してみてください。

分電盤へ

（オリジナル問題）

複線化の手順

①各要素の拾い出し

まず、複線化が必要な回路がどのような器具で構成されているかを確認して、その位置にそれぞれの複線図の記号を書いてみます。実際の学科試験では、問題用紙に余白が広くありますので、これを使いましょう。

電源の接地側電線と非接地側電線は表記が長いですので、ここでは便宜的に接地側電線を「−」、非接地側電線を「＋」と表記しています。

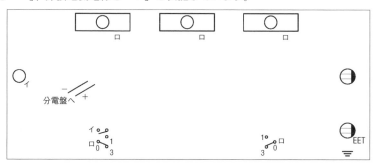

分電盤へ

261

②接地側電線の配線

　接地側電線（−）を電源からスタートして、コンセントと器具、ジョイントボックス間を配線します。ジョイントボックス内は必ず接続点を設けますので、接続点を●で表記します。

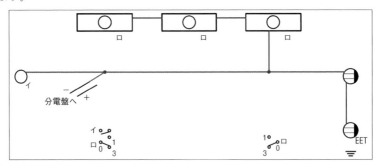

③非接地側電線の配線

　非接地側電線（＋）を電源からスタートして、コンセントとスイッチ、また３路スイッチの電源に近いほうの０、ジョイントボックス間を配線します。

　共通線のわたり線も忘れずに配線しましょう。

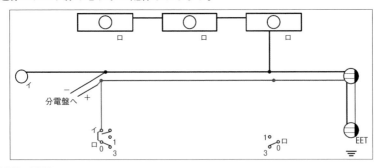

④接地線の配線

　接地線の必要な場所に配線します。

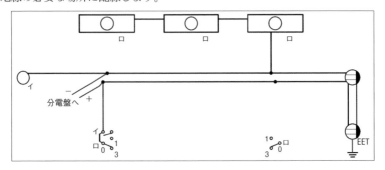

⑤器具－スイッチ間の配線（スイッチ結線）

　同一のカタカナが記されている器具とスイッチ間を配線します（スイッチ結線）。また3路スイッチの場合、非接地側電線が入っていないほうの3路スイッチの0に配線します。器具間にも忘れず配線しましょう。

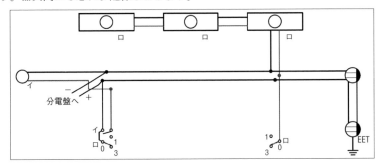

⑥3路スイッチ間、4路スイッチの結線

　3路スイッチの1、3同士を配線します。4路スイッチの場合は、その間に4路スイッチ1、3と2、4を入れる形で配線します（4路スイッチの複線化参照）。

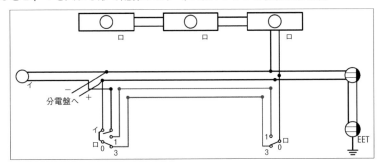

解説・解答

　答えは次の図のとおりです。

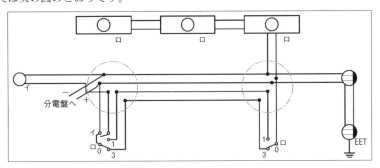

02 最少電線本数のもとめ方

さまざまな条件での、最少電線本数の
もとめ方を見てみましょう

スイッチへの配線の最少電線本数

スイッチへの配線の最少電線本数は、普通の単極
スイッチの場合、スイッチの数＋1（共通線）になり
ます。

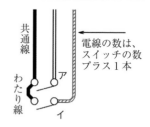

電線の数は、
スイッチの数
プラス1本

3路スイッチがある場合

3路スイッチがあると、スイッチの数＋1にはなりません。電線の数（心線数）は、
その3路スイッチの配線の仕方によって変わってきます。

①3路スイッチの0に非接地側電線を入れ
る場合

3路スイッチの0に非接地側電線を入れ
る場合は、非接地側電線を共通線として使
うことができます。したがって、

| 単極スイッチの数 | ＋ | 共通線1本 | ＋
| 3路スイッチの1、3に入る電線2本 |

になります。

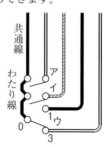

電線の数は、
単極スイッチの数
プラス1本（共通線）
プラス2本（3路1、3）

②3路スイッチの0に器具からの電線
を入れる場合

3路スイッチの0に非接地側電線を
入れる場合は、0に入る配線は共通線
として使えなくなります。したがって、

| 単極スイッチの数 | ＋ | 3路スイッチの器具間の電線1本 |
| 共通線1本 | ＋ | 3路スイッチの1、3に入る電線2本 |

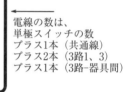

電線の数は、
単極スイッチの数
プラス1本（共通線）
プラス2本（3路1、3）
プラス1本（3路-器具間）

になります。

　最少電線本数にするという解答では①のほうが望ましいので、まず①で複線化して回路全体として電線本数が少なくなっているかを確認するとよいでしょう。

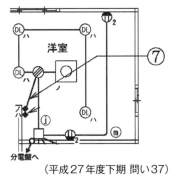

例題 2　⑦で示す部分の最少電線本数（心線数）は。

ただし、電源からの接地側電線は、スイッチを経由しないで照明器具に配線する。

イ. 2　　ロ. 3　　ハ. 4　　ニ. 5

（平成27年度下期 問い37）

解説・解答

　スイッチの個数＋共通線（非接地極）が、最少電線本数（心線数）となり、2＋1で、3本となります。

答え ロ

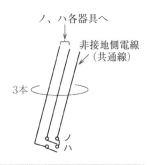

ノ、ハ各器具へ

非接地側電線（共通線）

3本

ノ
ハ

ケーブルを問われる場合

　ケーブルを問われる場合は、まずケーブルの種類を確認しましょう。配線に表記がない場合は、配線図問題冒頭の【注意】を確認します。

　「屋内配線の工事は、特記のある場合を除き600Vビニル絶縁ビニルシースケーブル平形（VVF）を用いたケーブル工事である。」と書かれていればVVFになります。

200Vコンセントへの配線の最少電線本数

　200Vの接地極付コンセントや接地端子付コンセントへの最少電線本数は3本になります。

　なお、200V回路には接地側電線（白）がなく、接地線は緑色ですのでケーブルを選択する際には、VVFの黒・赤・緑のものを選択します。

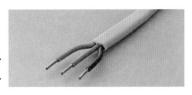

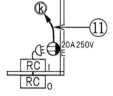

| 例題 3 | ⑪で示す部分に使用するケーブルで、適切なものは。
【注意】屋内配線の工事は、特記のある場合を除き600Vビニル絶縁ビニルシースケーブル平形（VVF）を用いたケーブル工事である。 |

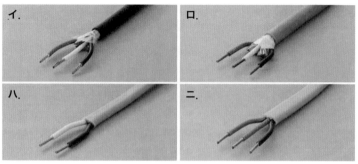

（平成26年度下期 問い41）

解説・解答

⑪で示す部分は、20A 250V接地極付コンセントに配線される電線です。よって3心の電線が使われます。またケーブルの種類は、最初の【注意】に、特記がある場合を除き600Vビニル絶縁ビニルシースケーブル平形（VVF）であることから、適切なケーブルはニのVVFの3心であることがわかります。

また、接地極付コンセントの接続なので、緑の線を接地極用に使います（赤と黒の電線には極性はありません）。

答え ニ

器具への配線の最少電線本数

照明器具などの器具への配線は2本になります。接地側電線1本とスイッチ–器具間の電線1本が入ります。

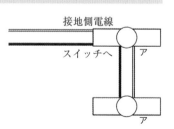

例題 4

②の部分の最少電線本数（心線数）は。

イ. 2　　**ロ**. 3　　**ハ**. 4　　**ニ**. 5

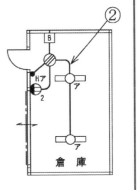

（平成29年度下期 問い32）

解説・解答

②で示す部分を複線化すると、図のようになります。

電源の接地側の電線１本と**ア**の器具−スイッチ間の電線１本、合計で２本になります。

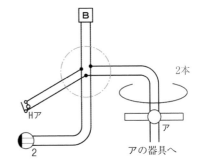

答え イ

ジョイントボックス間の配線の最少電線本数

ジョイントボックス間の最少電線本数をもとめる際には必要な範囲を特定し、その回路の複線化が必要になります。

問題によっては、１階と２階の上下階があるものなど複雑なものもありますので、まず簡単なものから挑戦して、少しずつ難しいものにステップアップしていきましょう。

ここでは例題５を複線化して、最少電線本数をもとめてみましょう。

例題 5 ④で示す部分の最少電線本数（心線数）は。

イ. 2　ロ. 3　ハ. 4　ニ. 5

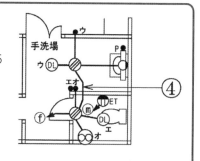

（平成27年度上期 問い34）

①接地側電線の配線

電源からの接地側電線を各器具に配線します。

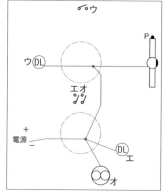

②非接地側電線の配線

電源からの非接地側電線をスイッチに配線します。また、棚下蛍光灯はプルスイッチがついていますので、こちらにも配線します。

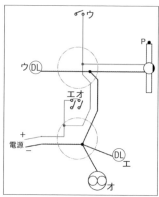

③スイッチ−器具間の配線

スイッチと器具の間の配線をします。

ここまででお気づきかもしれませんが、ジョイント
ボックス間に器具−スイッチ間の配線がなければ、電
源の2本を送るだけなので2本になります（260ペー
ジの「他のジョイントボックスへの配線の複線化」
を参照）。そのことに最初に気づいていれば、全部
を複線化しなくても答えは導き出せます。

しかし、慣れないうちは、見落としの危険もありま
すので、不安であれば複線化をしてみましょう。

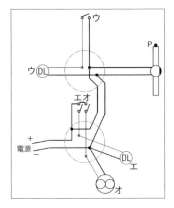

| 解説・解答 |

電源の非接地側の電線と接地側の電線の2本となります。

このような複線化を過去問を使って何度も練習してみま
しょう。さまざまなパターンを覚えておけば、本番でも落
ち着いて複線化をすることができます。

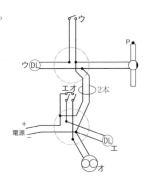

答え イ

🔆 ワンポイント

ジョイントボックス間は3路スイッチ間やスイッチ−器具間でなければ2本
になります。

ジョイントボックス間を挟んだ3路
スイッチ間やスイッチ−器具間が
ないかを確認してみてください！

03 配線器具内の結線

配線図における、配線器具内での結線について、パイロットランプとスイッチ、コンセントとスイッチの組合せで学びます

スイッチ・パイロットランプへの結線の方法

スイッチとパイロットランプを組み合わせた配線器具内の結線は、①同時点滅、②異時点滅、③常時点灯の３種類があります。

①同時点滅

同時点滅は、スイッチを入にするとパイロットランプも点灯、スイッチを切りにするとパイロットランプも消灯します。配線図では、パイロットランプに器具と同じ記号が傍記表示されます。

複線図を見てわかるように、パイロットランプが器具と同じ接地側電線と器具-スイッチ間の電線が接続されています。

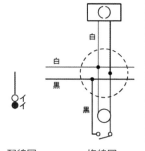

配線図　　　　複線図　　　　器具内結線

器具内結線は、**接地側電線の白がパイロットランプに、非接地側電線の黒がスイッチに入っています。器具-スイッチ間の電線はわたり線を介してパイロットランプ、スイッチに入っています。**

②異時点滅

異時点滅は、スイッチを入にするとパイロットランプは消灯、スイッチを切りにするとパイロットランプは点灯します。

複線図を見てわかるように、パイロットランプがスイッチと並列に接続されています。

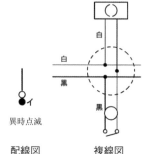

異時点滅

配線図　　　　複線図　　　　器具内

器具内結線は、**非接地側電線の黒が**わたり線を介して**パイロットランプとスイッチに入っています。器具-スイッチ間の電線**

もわたり線を介してパイロットランプ、スイッチに入っています。

③常時点灯

　常時点灯は、スイッチの入切にかかわらず常時パイロットランプが点灯します。

　複線図を見てわかるように、パイロットランプはコンセントのように接地側電線・非接地側電線が接続されています。

　器具内結線は、接地側電線の白が

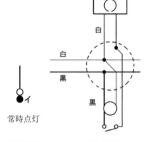

常時点灯

配線図　　　複線図

器具内結線

パイロットランプに、非接地側電線の黒がわたり線を介してパイロットランプとスイッチに入っています。器具−スイッチ間はスイッチに入っています。

例題6

⑪で示す部分の配線を器具の裏面から見たものである。正しいものは。ただし、電線の色別は、白色は電源からの接地側電線、黒色は電源からの非接地側電線とする。

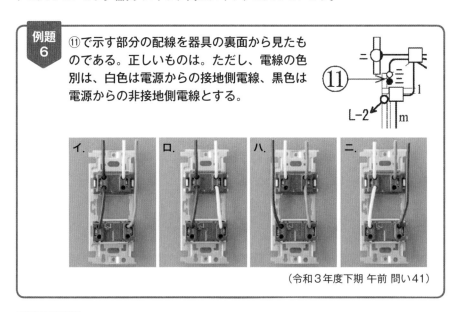

イ.　ロ.　ハ.　ニ.

（令和3年度下期 午前 問い41）

解説・解答

　配線図では、パイロットランプの傍記表示にも「ニ」と書かれており、同時点滅であることがわかります。同時点滅の配線器具内の結線は**ハ**になります。

答え ハ

スイッチ・コンセントへの結線の方法

スイッチ・コンセントは、複線図を見てわかるように、コンセントに非接地側電線と接地側電線が接続されています。

器具内結線は、**接地側電線の白がコンセント**に、**非接地側電線の黒がわたり線を介してスイッチとコンセント**に入っています。**器具-スイッチ間の電線はスイッチ**に入っています。

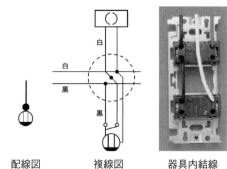

配線図　　　複線図　　　器具内結線

例題
7

⑭で示す部分の配線を器具の裏面から見たものである。正しいものは。
ただし、電線の色別は、白色は電源からの接地側電線、黒色は電源からの非接地側電線、赤色は負荷に結線する電線とする。

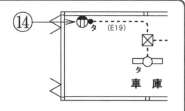

（令和4年度下期 午前 問い44）

解説・解答

スイッチとコンセントの配線器具内の結線は**ハ**になります。

答え ハ

04 ボックス内接続

配線図のボックス内でリングスリーブや差込形コネクタの種類・個数をもとめる方法やリングスリーブの刻印について学びます

リングスリーブの種類と最少個数のもとめ方

ジョイントボックスやプルボックス内で電線の接続に使用されるリングスリーブの種類と最少個数が問われる問題は毎年出題されています。これまで学んできた「複線化」の能力が試される問題でもあります。

例題8を複線化をしながら、そのもとめ方を見ていきましょう。

例題8

⑫で示す部分の天井内のジョイントボックス内において、接続をすべて圧着接続とする場合、使用するリングスリーブの種類と最少個数の組合せで、適切なものは。ただし、照明器具「イ」への配線は、VVF1.6-2Cとする。

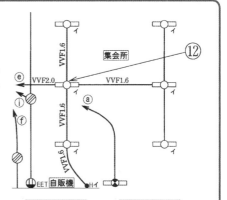

イ.　　小 3個

ロ.　　小 1個

ハ.　　小 2個

二.　　小 2個

中 1個

中 2個

中 2個

中 1個

（平成22年度 問い42）

①リングスリーブによる接続

リングスリーブは、電線の太さと接続する本数によって、使用する種類が異なってきます。その一覧を表に示します。

接続する電線の太さと本数を必ず確認しましょう。

スリーブ	1.6mm同士	2.0mm同士	異なる組み合わせ	圧着マーク
小	2本	—	—	○
小	3～4本	2本	2.0mm×1本+ 1.6mm×1～2本	小
中	5～6本	3～4本	2.0mm×1本+ 1.6mm×3～5本	中
中	5～6本	3～4本	2.0mm×2本+ 1.6mm×1～3本	中
大	7本	5本	2.0mm×1本+ 1.6mm×6本	大
大	7本	5本	2.0mm×2本+ 1.6mm×4本	大
大	7本	5本	2.0mm×3本+ 1.6mm×2本	大
大	7本	5本	2.0mm×4本+ 1.6mm×1本	大

②複線化

例題8を実際に複線化してみましょう。なお例題8の配線図では、天井内のジョイントボックスは蛍光灯照明器具の位置にあるので表示されていません。このような種類の問題も出題されますので慣れておきましょう。

（1）接地側電線の配線

まず、ⓔの回路の電源から、接地側電線を各器具に配線します。なお、他のイの器具にわたっている電線は同じものなので、ジョイントボックスに入っているもの以外は省略しても大丈夫です。

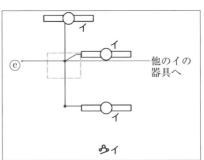

（2）非接地側電線の配線

次に、非接地側電線をスイッチに入れます。この回路ではここのみになります。

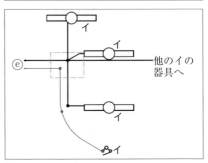

（3）器具-スイッチ間の配線（スイッチ結線）

器具とスイッチ間の配線をします。

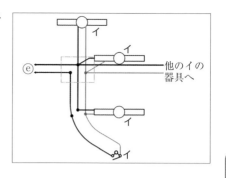

③リングスリーブの種類と最少個数の特定

複線化が終わると、複線図を使ってリングスリーブの種類と数を特定します。

（1）電線の太さの確認

まず、ジョイントボックスに入っている電線の太さを確認します。2.0mmの電線が入っているところは特に気を付けましょう。

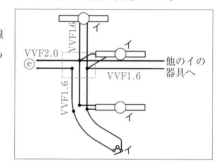

（2）電線の本数の確認

電線の太さがわかったら、接続箇所の電線の数を確認します。

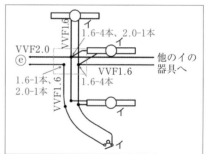

（3）リングスリーブの種類と最少個数の決定

最後に先に紹介したリングスリーブの表を見ながら、接続点のリングスリーブの種類と数を決定します。

試験本番では表はないので、表の内容を頭の中にしっかり入れておき、答えが導き出せるようにしておきましょう。

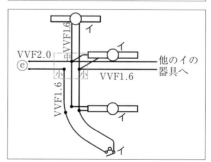

解説・解答

　照明器具の取り付け部分をジョイントボックスと考えて複線化します。次の図のようになります。

　図にあるように、リングスリーブの最少個数は、小スリーブ2個、中スリーブ1個の組合せとなります。

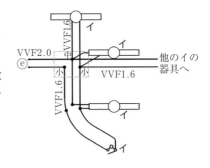

答え ニ

差込形コネクタの種類と最少個数のもとめ方

　差込形コネクタは、電線の太さの組合せによって種類が異なるわけではないので、単純に何本接続するかで種類を特定することができます。

例題 9

⑬で示すVVF用ジョイントボックス内の接続をすべて差込形コネクタとする場合、使用する差込形コネクタの種類と最少個数の組合せで、適切なものは。
ただし、使用する電線はVVF1.6とする。

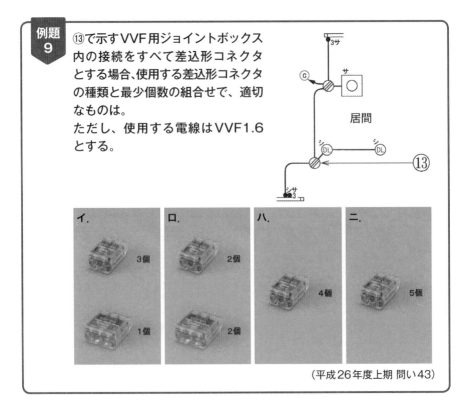

イ. 3個 1個
ロ. 2個 2個
ハ. 4個
ニ. 5個

（平成26年度上期 問い43）

276

①複線化

　それでは、**例題９**の配線図を複線化をしてみましょう。３路スイッチがあるのでやや難しいですが、順を追って行えば大丈夫です。

（１）接地側電線の配線

　まず、Ⓒの電源から接地側電線を器具に配線します。

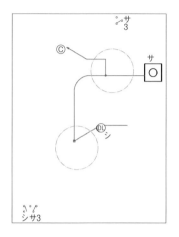

（２）非接地側電線の配線

　次に、Ⓒの電源から非接地側電線をスイッチに配線します。３路スイッチは共通線として使うため、下のスイッチに配線しましょう。

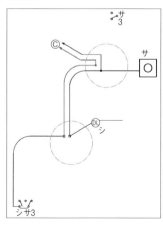

（３）器具–スイッチ間の配線（スイッチ結線）

　器具–スイッチ間の配線をします。３路スイッチは上のスイッチに配線します。

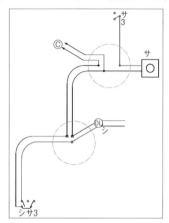

（４）３路スイッチ間の配線

　３路スイッチ間の配線を行います。

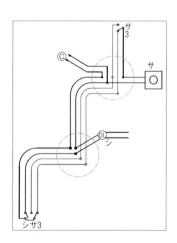

これで複線化が終わりましたので、この複線図を使って差込形コネクタの種類と最少個数を特定しましょう。

②差込形コネクタの種類と最少個数の特定

（1）電線の本数の確認

接続箇所の電線の本数を確認します。

（2）差込形コネクタの種類と最少個数の決定

電線の本数を元に差込形コネクタの種類を決めます。

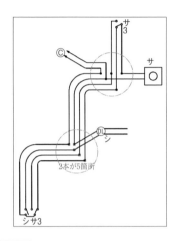

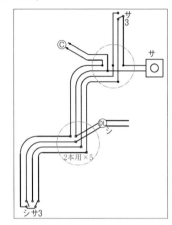

解説・解答

これまでの解説のように、差込形コネクタの最少個数は、2本用5個の組み合わせになります。

答え ニ

複雑に見える配線も手順どおりに行えば、必ず複線化できます。練習してみましょう！

リングスリーブの種類、個数及び刻印のもとめ方

　最近の出題問題では、リングスリーブの種類、個数、刻印（圧着マーク）を問われるものがあります。特に、小スリーブは２種類の刻印があるので要注意です。

　例題10を使ってリングスリーブの種類、個数、刻印を実際にもとめてみましょう。

例題 10

⑮で示すボックス内の接続をリングスリーブで圧着接続した場合のリングスリーブの種類、個数及び圧着接続後の刻印との組合せで、正しいものは。ただし、使用する電線はすべてIV1.6とする。また、写真に示すリングスリーブ中央の〇、小、中は刻印を表す。

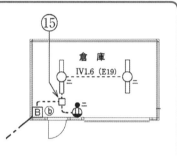

イ.

小　3個

ロ.

小　3個

ハ.

小　3個

ニ.

中　1個
小　2個

（令和４年度上期 午前 問い45）

いよいよ、複線化の真価が問われる問題です。気合を入れて学びましょう！

①リングスリーブの刻印

再度、先ほどのリングスリーブの表を見てみましょう。

1.6mmを2本接続する場合は、小スリーブで刻印（圧着マーク）は○になります。その他は、スリーブの大きさ(小・中)と同じ刻印になります。

スリーブ	1.6mm同士	2.0mm同士	異なる組み合わせ	圧着マーク
小	2本	—	—	○
	3~4本	2本	2.0mm×1本+1.6mm×1~2本	小
中	5~6本	3~4本	2.0mm×1本+1.6mm×3~5本	中
			2.0mm×2本+1.6mm×1~3本	
大	7本	5本	2.0mm×1本+1.6mm×6本	大
			2.0mm×2本+1.6mm×4本	
			2.0mm×3本+1.6mm×2本	
			2.0mm×4本+1.6mm×1本	

②複線化

（1）接地側電線の配線

ⓑの配線用遮断器から、接地側電線を器具とコンセントにそれぞれ配線します。

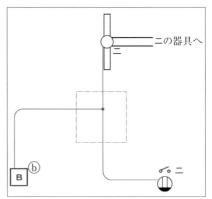

（2）非接地側電線の配線

次にⓑの配線用遮断器から、非接地側電線をスイッチとコンセントに配線します。

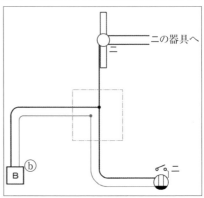

（3）器具－スイッチ間の配線（スイッチ結線）

最後に器具とスイッチ間の配線をします。

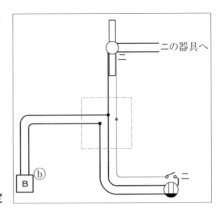

③リングスリーブの種類、個数、刻印の特定
（1）電線の太さの確認

問題では、「使用する電線はすべてIV1.6とし、」と書かれていますので、1.6mmで考えます。

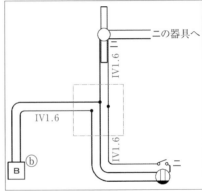

（2）電線の本数の確認

接続箇所でスリーブに入ってくる電線の本数を確認します。

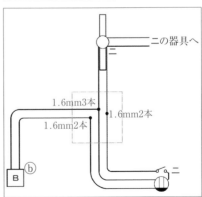

（3）リングスリーブの種類、個数、刻印の決定

　電線の太さと電線の本数によって、リングスリーブの種類、個数、刻印を決定します。

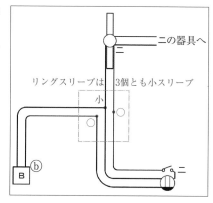

リングスリーブは 3個とも小スリーブ

解説・解答

　すべてⅣ1.6ですので、2本接続する場所が2箇所、3本接続する場所が1箇所で、小スリーブ3個になります。

　刻印は、2本接続するリングスリーブは○（2箇所）、3本接続するリングスリーブは小（1箇所）となります。

答え ハ

 ワンポイント

電線の本数と使用するスリーブ・刻印は頭に入れておきましょう。

いかがでしたでしょうか？
第1章からここまで学んでこられた方は、次の過去問題集へ、第1章、第2章がまだの方は、そちらを学習しましょう！

PART2

予想問題集
（5回分）

予想問題① 学科試験 〔試験時間　2時間〕

問題1.　一般問題（問題数30、配点は1問当たり2点）

【注】本問題の計算で$\sqrt{2}$、$\sqrt{3}$及び円周率πを使用する場合の数値は次によること。$\sqrt{2} = 1.41$、$\sqrt{3} = 1.73$、$\pi = 3.14$

　次の各問いには4通りの答え（イ、ロ、ハ、ニ）が書いてある。それぞれの問いに対して答えを1つ選びなさい。

　なお、選択肢が数値の場合は最も近い値を選びなさい。

問い1 図のような回路で、端子a－b間の合成抵抗[Ω]は。

イ．1　　　ロ．2
ハ．3　　　ニ．4

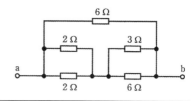

問い2 直径2.6mm、長さ10mの銅導線と抵抗値が最も近い同材質の銅導線は。

イ．断面積5.5mm²、長さ10m　　ロ．断面積8mm²、長さ10m
ハ．直径1.6mm、長さ20m　　　ニ．直径3.2mm、長さ5m

問い3 電線の接続不良により、接続点の接触抵抗が0.2Ωとなった。この電線に15Aの電流が流れると、接続点から1時間に発生する熱量[kJ]は。
ただし、接触抵抗の値は変化しないものとする。

イ．11　　ロ．45　　ハ．72　　ニ．162

問い4 図のような交流回路において、抵抗8Ωの両端の電圧V[V]は。

イ．43　　　ロ．57
ハ．60　　　ニ．80

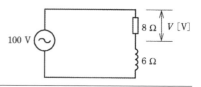

問い5 図のような三相3線式回路に流れる電流I[A]は。

イ．8.3　　　ロ．12.1
ハ．14.3　　　ニ．20.0

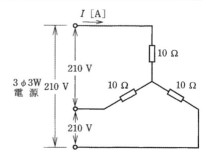

問い6 図のような単相2線式回路において、c−c′間の電圧が100Vのとき、a−a′間の電圧〔V〕は。
ただし、rは電線の電気抵抗〔Ω〕とする。

イ. 102 　ロ. 103
ハ. 104 　ニ. 105

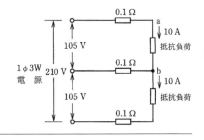

問い7 図のような単相3線式回路において、電線1線当たりの抵抗が0.1Ωのとき、a−b間の電圧〔V〕は。

イ. 102 　ロ. 103
ハ. 104 　ニ. 105

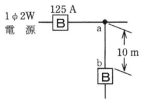

問い8 金属管による低圧屋内配線工事で、管内に断面積3.5mm²の600Vビニル絶縁電線（軟銅線）4本を収めて施設した場合、電線1本当たりの許容電流〔A〕は。
ただし、周囲温度は30℃以下、電流減少係数は0.63とする。

イ. 19 　ロ. 23 　ハ. 31 　ニ. 49

問い9 図のように定格電流125Aの過電流遮断器で保護された低圧屋内幹線から分岐して、10mの位置に過電流遮断器を施設するとき、a−b間の電線の許容電流の最小値〔A〕は。

イ. 44 　ロ. 57 　ハ. 69 　ニ. 89

問い10 低圧屋内配線の分岐回路の設計で、配線用遮断器、分岐回路の電線の太さ及びコンセントの組合せとして、適切なものは。
ただし、分岐点から配線用遮断器までは3m、配線用遮断器からコンセントまでは8mとし、電線の数値は分岐回路の電線（軟銅線）の太さを示す。
また、コンセントは兼用コンセントではないものとする。

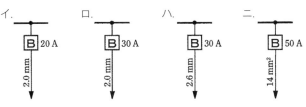

問い11 アウトレットボックス（金属製）の使用方法として、不適切なものは。

イ. 金属管工事で電線の引き入れを容易にするのに用いる。

ロ. 金属管工事で電線相互を接続する部分に用いる。

ハ. 配線用遮断器を集合して設置するのに用いる。

ニ. 照明器具などを取り付ける部分で電線を引き出す場合に用いる。

問い12 絶縁物の最高許容温度が最も高いものは。

イ. 600V二種ビニル絶縁電線（HIV）

ロ. 600Vビニル絶縁電線（IV）

ハ. 600V架橋ポリエチレン絶縁ビニルシースケーブル（CV）

ニ. 600Vビニル絶縁ビニルシースケーブル丸形（VVR）

問い13 電気工事の作業と使用する工具の組合せとして、誤っているものは。

イ. 金属製キャビネットに穴をあける作業とノックアウトパンチャ

ロ. 木造天井板に電線管を通す穴をあける作業と羽根ぎり

ハ. 電線、メッセンジャワイヤ等のたるみを取る作業と張線器

ニ. 薄鋼電線管を切断する作業とプリカナイフ

問い14 極数6の三相かご形誘導電動機を周波数50Hzで使用するとき、最も近い回転速度 [min⁻¹] は。

イ. 500　　ロ. 1 000　　ハ. 1 500　　ニ. 3 000

問い15 低圧電路に使用する定格電流30Aの配線用遮断器に37.5Aの電流が継続して流れたとき、この配線用遮断器が自動的に動作しなければならない時間 [分] の限度（最大の時間）は。

イ. 2　　　ロ. 4　　　ハ. 60　　　ニ. 120

問い16 写真に示す材料が使用される工事は。

イ. 金属ダクト工事　　　　ロ. 金属管工事

ハ. 金属可とう電線管工事　ニ. 金属線ぴ工事

（金属製）
25mm

問い17 写真に示す機器の用途は。

イ. 回路の力率を改善する。

ロ. 地絡電流を検出する。

ハ. ネオン放電灯を点灯させる。

ニ. 水銀灯の放電を安定させる。

問い18 写真に示す工具の用途は。

イ．VFFコード（ビニル平形コード）の絶縁被覆を
はぎ取るのに用いる。

ロ．CVケーブル（低圧用）の外装や絶縁被覆をはぎ
取るのに用いる。

ハ．VVRケーブルの外装や絶縁被覆をはぎ取るのに用いる。

ニ．VVFケーブルの外装や絶縁被覆をはぎ取るのに用いる。

問い19 使用電圧100Vの屋内配線で、湿気の多い場所における工事の種類として、不適切な
ものは。

イ．展開した場所で、ケーブル工事

ロ．展開した場所で、金属線ぴ工事

ハ．点検できない隠ぺい場所で、防湿装置を施した金属管工事

ニ．点検できない隠ぺい場所で、防湿装置を施した合成樹脂管工事（CD管を除く）

問い20 木造住宅の金属板張り（金属系サイディング）の壁を貫通する部分の低圧屋内配線工事
として、適切なものは。ただし、金属管工事、金属可とう電線管工事に使用する電線は、
600Vビニル絶縁電線とする。

イ．ケーブル工事とし、壁の金属板張りを十分に切り開き、600Vビニル絶縁ビニル
シースケーブルを合成樹脂管に収めて電気的に絶縁し、貫通施工した。

ロ．金属管工事とし、壁に小径の穴を開け、金属板張りと金属管とを接触させ金属管を貫通
施工した。

ハ．金属可とう電線管工事とし、壁の金属板張りを十分に切り開き、金属製可とう電線管
を壁と電気的に接続し、貫通施工した。

ニ．金属管工事とし、壁の金属板張りと電気的に完全に接続された金属管にD種接地工事
を施し、貫通施工した。

問い21 店舗付き住宅の屋内に三相3線式200V、定格消費電力2.5kWのルームエアコンを
施設した。このルームエアコンに電気を供給する電路の工事方法として、適切なものは。
ただし、配線は接触防護措置を施し、ルームエアコン外箱等の人が触れるおそれがある
部分は絶縁性のある材料で堅ろうに作られているものとする。

イ．専用の過電流遮断器を施設し、合成樹脂管工事で配線し、コンセントを使用して
ルームエアコンと接続した。

ロ．専用の漏電遮断器（過負荷保護付）を施設し、ケーブル工事で配線し、ルームエア
コンと直接接続した。

ハ．専用の配線用遮断器を施設し、金属管工事で配線し、コンセントを使用してルーム
エアコンと接続した。

ニ．専用の開閉器のみを施設し、金属管工事で配線し、ルームエアコンと直接接続した。

問い22 D種接地工事を省略できないものは。

ただし、電路には定格感度電流30mA、定格動作時間0.1秒の漏電遮断器が取り付けられているものとする。

 イ. 乾燥した場所に施設する三相200V（対地電圧200V）動力配線の電線を収めた長さ3mの金属管。

 ロ. 乾燥した場所に施設する単相3線式100/200V（対地電圧100V）配線の電線を収めた長さ6mの金属管。

 ハ. 乾燥した木製の床の上で取り扱うように施設する三相200V（対地電圧200V）空気圧縮機の金属製外箱部分。

 ニ. 乾燥した場所のコンクリートの床に施設する三相200V（対地電圧200V）誘導電動機の鉄台。

問い23 電磁的不平衡を生じないように、電線を金属管に挿入する方法として、適切なものは。

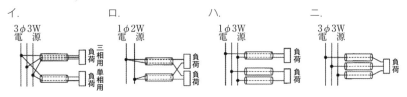

問い24 屋内配線の検査を行う場合、器具の使用方法で、不適切なものは。

 イ. 検電器で充電の有無を確認する。

 ロ. 接地抵抗計（アーステスタ）で接地抵抗を測定する。

 ハ. 回路計（テスタ）で電力量を測定する。

 ニ. 絶縁抵抗計（メガー）で絶縁抵抗を測定する。

問い25 使用電圧が低圧の電路において、絶縁抵抗測定が困難であったため、使用電圧が加わった状態で漏えい（漏れ）電流により絶縁性能を確認した。

「電気設備の技術基準の解釈」に定める、絶縁性能を有していると判断できる漏えい電流の最大値［mA］は。

 イ. 0.1 ロ. 0.2 ハ. 1 ニ. 2

問い26 工場の三相200V三相誘導電動機の鉄台に施設した接地工事の接地抵抗値を測定し、接地線（軟銅線）の太さを検査した。「電気設備の技術基準の解釈」に適合する接地抵抗値［Ω］と接地線の太さ（直径［mm］）の組合せで、適切なものは。

ただし、電路に施設された漏電遮断器の動作時間は、0.1秒とする。

 イ. 100Ω 1.0mm ロ. 200Ω 1.2mm ハ. 300Ω 1.6mm ニ. 600Ω 2.0mm

問い27 図の交流回路は、負荷の電圧、電流、電力を測定する回路である。図中にa、b、cで示す計器の組合せとして、正しいものは。

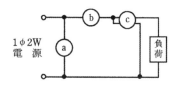

1φ2W電源 — 負荷

イ．a電流計　b電圧計　c電力計
ロ．a電力計　b電圧計　c電圧計
ハ．a電圧計　b電圧計　c電流計
ニ．a電圧計　b電圧計　c電力計

問い28 「電気工事士法」の主な目的は。

イ．電気工事に従事する主任電気工事士の資格を定める。
ロ．電気工作物の保安調査の義務を明らかにする。
ハ．電気工事士の身分を明らかにする。
ニ．電気工事の欠陥による災害発生の防止に寄与する。

問い29 電気用品安全法における電気用品に関する記述として、誤っているものは。

イ．電気用品の製造又は輸入の事業を行う者は、電気用品安全法に規定する義務を履行したときに、経済産業省令で定める方式による表示を付すことができる。
ロ．特定電気用品には ⓅⓈⒺ または（PS）Eの表示が付されている。
ハ．電気用品の販売の事業を行う者は、経済産業大臣の承認を受けた場合等を除き、法令に定める表示のない電気用品を販売してはならない。
ニ．電気工事士は、電気用品安全法に規定する表示の付されていない電気用品を電気工作物の設置又は変更の工事に使用してはならない。

問い30 「電気設備に関する技術基準を定める省令」における電圧の低圧区分の組合せで、正しいものは。

イ．直流にあっては600V以下、交流にあっては600V以下のもの
ロ．直流にあっては750V以下、交流にあっては600V以下のもの
ハ．直流にあっては600V以下、交流にあっては750V以下のもの
ニ．直流にあっては750V以下、交流にあっては750V以下のもの

問題 2. 配線図 （問題数 20、配点は1問当たり2点）　※図は 293～294 ページ参照

　図は、木造2階建住宅及び車庫の配線図である。この図に関する次の各問いには4通りの答え（イ、ロ、ハ、ニ）が書いてある。それぞれの問いに対して、答えを1つ選びなさい。

【注意】　1．屋内配線の工事は、特記のある場合を除き600Vビニル絶縁ビニルシースケーブル平形（VVF）を用いたケーブル工事である。

　　　　　2．屋内配線等の電線の本数、電線の太さ、その他、問いに直接関係のない部分等は省略又は簡略化してある。

　　　　　3．漏電遮断器は、定格感度電流30mA、動作時間0.1秒以内のものを使用している。

　　　　　4．選択肢（答え）の写真にあるコンセント及び点滅器は、「JIS C 0303：2000 構内電気設備の配線用図記号」で示す「一般形」である。

　　　　　5．分電盤の外箱は合成樹脂製である。

　　　　　6．ジョイントボックスを経由する電線は、すべて接続箇所を設けている。

　　　　　7．3路スイッチの記号「0」の端子には、電源側又は負荷側の電線を結線する。

問い31 ①で示す図記号の器具の種類は。

イ. シーリング(天井直付)　ロ. ペンダント　ハ. 埋込器具　ニ. 引掛シーリング(丸)

問い32 ②で示す部分の最少電線本数（心線数）は。

イ. 2　ロ. 3　ハ. 4　ニ. 5

問い33 ③で示す部分の小勢力回路で使用できる電線（軟銅線）の導体の最小直径 [mm] は。

イ. 0.5　ロ. 0.8　ハ. 1.2　ニ. 1.6

問い34 ④で示す部分はルームエアコンの屋外ユニットである。その図記号の傍記表示は。

イ. O　ロ. B　ハ. I　ニ. R

問い35 ⑤で示す部分の電路と大地間の絶縁抵抗として、許容される最小値 [MΩ] は。

イ. 0.1　ロ. 0.2　ハ. 0.4　ニ. 1.0

問い36 ⑥で示す部分の接地工事の種類及びその接地抵抗の許容される最大値 [Ω] の組合せとして、正しいものは。

イ. C種接地工事　10Ω　　ロ. C種接地工事　50Ω
ハ. D種接地工事　100Ω　　ニ. D種接地工事　500Ω

問い37 ⑦で示す部分に使用できるものは。

イ. ゴム絶縁丸打コード　　　　　　　　　ロ. 引込用ビニル絶縁電線
ハ. 架橋ポリエチレン絶縁ビニルシースケーブル　ニ. 屋外用ビニル絶縁電線

問い38 ⑧で示す引込口開閉器が省略できる場合の、住宅と車庫との間の電路の長さの最大値 [m] は。

イ. 8　ロ. 10　ハ. 15　ニ. 20

問い39 ⑨で示す部分の配線工事で用いる管の種類は。

イ. 耐衝撃性硬質塩化ビニル電線管　　ロ. 波付硬質合成樹脂管
ハ. 硬質ポリ塩化ビニル電線管　　　　ニ. 合成樹脂製可とう電線管

問い40 ⑩で示す部分の工事方法として、正しいものは。

イ. 金属線ぴ工事　ロ. ケーブル工事(VVR)　ハ. 金属ダクト工事　ニ. 金属管工事

問い41 ⑪で示す部分の配線工事に必要なケーブルは。ただし、心線数は最少とする。

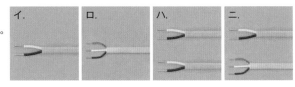

イ.	ロ.	ハ.	ニ.

問い42 ⑫で示すボックス内の接続をリングスリーブで圧着接続した場合のリングスリーブの種類、個数及び圧着接続後の刻印との組合せで、正しいものは。ただし、使用する電線は特記のないものはVVF1.6とする。また、写真に示すリングスリーブ中央の○、小、中は刻印を表す。

イ.	ロ.	ハ.	ニ.

問い43 ⑬で示すボックス内の接続をすべて差込形コネクタとする場合、使用する差込形コネクタの種類と最少個数の組合せで、正しいものは。ただし、使用する電線はVVF1.6とする。

イ.	ロ.	ハ.	ニ.

問い44 ⑭で示す図記号の器具は。ただし、写真下の図は、接点の構成を示す。

イ.	ロ.	ハ.	ニ.

問い45 ⑮で示す図記号の器具は。

イ.	ロ.	ハ.	ニ.

問い46 ⑯で示す部分に取り付ける機器は。

イ. ロ. ハ. 二.

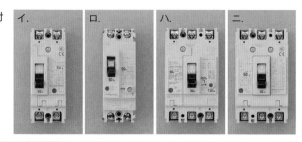

問い47 ⑰で示す部分の配線工事で、一般的に使用されることのない工具は。

イ. ロ. ハ. 二.

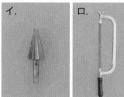 

問い48 ⑱で示すボックス内の接続をすべて圧着接続とする場合、使用するリングスリーブの種類と最少個数の組合せで、正しいものは。
ただし、使用する電線は特記のないものはVVF1.6とする。

イ. ロ. ハ. 二.

 小 2個 中 2個
 小 3個 中 1個
 小 4個 中 1個
 小 5個

問い49 この配線図の図記号で、使用されていないコンセントは。

イ. ロ. ハ. 二.

問い50 この配線図の施工に関して、使用するものの組合せで、誤っているものは。

イ. ロ. ハ. 二.

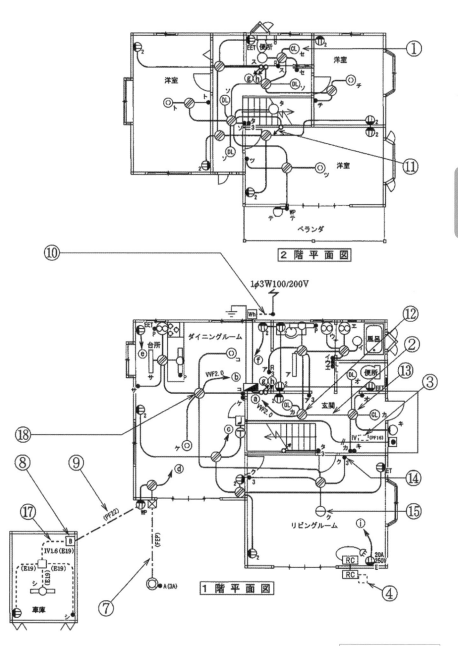

2 階 平 面 図

1φ3W100/200V

1 階 平 面 図

次ページに続きます

予
想
問
題
①

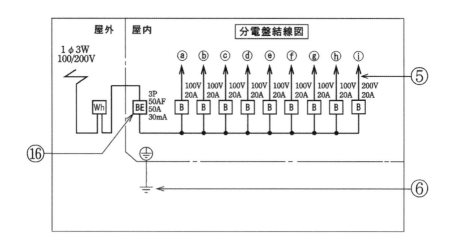

解答・解説

問題1. 一般問題

問い1 ロ

左下の2つの抵抗と右下の2つの抵抗をそれぞれ合成すると、

$$\frac{2 \times 2}{2+2} = \frac{4}{4} = 1 \ [\Omega]$$

$$\frac{3 \times 6}{3+6} = \frac{18}{9} = 2 \ [\Omega]$$

これらを合成すると、

$$1 + 2 = 3 \ [\Omega]$$

この合成抵抗と上に並列にある6Ωの抵抗を合成すると、

$$\frac{3 \times 6}{3+6} = \frac{18}{9} = 2 \ [\Omega]$$

問い2 イ

直径2.6mmの銅導線の断面積をAとすると、

$$A = \frac{\pi \times 直径 D^2}{4} = \frac{3.14 \times 2.6^2}{4} \ [\Omega]$$
$$\fallingdotseq 5.31 \ [\text{mm}^2]$$

ゆえに一番近い、**イ**の銅導線になる。

問い3 ニ

接続点の電力量は、

$$15^2 \times 0.2 \times 1 = 45 \ [\text{W·h}]$$

この電力量を熱量に変換すると、

$$3\,600 \times 45 = 162\,000 \ [\text{J}] = 162 \ [\text{kJ}]$$

問い4 ニ

抵抗と誘導性リアクタンスの合成インピーダンスは、

$$\sqrt{8^2 + 6^2} = 10 \ [\Omega]$$

抵抗に流れる電流は、

$$\frac{100}{10} = 10 \ [\text{A}]$$

抵抗にかかる電圧は、

$$10 \times 8 = 80 \ [\text{V}]$$

問い5 ロ

電流Iは10Ωの抵抗Rに流れるので、この相電圧Eとの関係でもとめられる。

$$I = \frac{E}{R} = \frac{\dfrac{210}{\sqrt{3}}}{10} = \frac{21}{\sqrt{3}} \fallingdotseq 12.1 \ [\text{A}]$$

問い6 ニ

a−b間、a′−b′間を流れる電流は、

$$5 + 10 = 15 \ [\text{A}]$$

a−b間とa′−b′間の電圧降下は、

$$2 \times 15 \times 0.1 = 3 \ [\text{V}]$$

b−c間とb′−c′間の電圧降下は、

$2 \times 10 \times 0.1 = 2$ ［V］
a－a′間の電圧は、
$100 + 3 + 2 = 105$ ［V］

問い7 ハ

電源からa－b間までの電圧降下は、
$10 \times 0.1 = 1$ ［V］
a－b間の電圧は、
$105 - 1 = 104$ ［V］

問い8 ロ

断面積3.5mm²の許容電流は37Aで、これに電流減少係数を掛けると、
$37 \times 0.63 = 23.31$ ［A］
小数点以下を7捨8入すると23Aとなる。

問い9 ハ

分岐点から過電流遮断器までの長さが8mを超えているので、許容電流は幹線の過電流遮断器の定格電流の55％以上となる。
$125 \times 0.55 ≒ 69$ ［A］

問い10 ニ

50Aの配線用遮断器では、分岐回路の電線の太さを14mm²、コンセントは40A以上50A以下を使う。

問い11 ハ

金属管工事で電線相互を接続する箇所や照明器具の取付け場所などで使う。

問い12 ハ

600V架橋ポリエチレン絶縁ビニルシースケーブル（CV）の絶縁物の最高許容温度は、90℃と最も高い。

問い13 ニ

プリカナイフは、金属製可とう電線管の切断に使用する。

問い14 ロ

三相かご形誘導電動機の同期回転速度は、
$$\frac{120f}{p} = \frac{120 \times 50}{6} = 1\,000 \ [\text{min}^{-1}]$$

問い15 ハ

定格電流の1.25倍の電流が流れているので、配線用遮断器は60分以内に動作しなければならない。

問い16 ニ

写真は1種金属製線ぴである。

問い17 イ

写真の機器は低圧進相コンデンサで、回路の力率を改善するのに用いる。

問い18 ニ

写真は、ワイヤストリッパ（左）とケーブルストリッパ（右）である。

問い19 ロ

湿気の多い場所の金属線ぴ工事は不適切である。

問い20 イ

木造住宅の工事で、金属板張りの壁を貫通する場合は、壁の金属板張りを十分に切り開き、耐久性のある絶縁管に収めるなどして、電気的に金属板と接続しないようにしなければならない。

問い21 ロ

住宅の屋内電路は、定格消費電力2kW以上の電気機械器具及びこれに電気を供給する屋内配線を次の条件で300V以下にすることができる。

• 屋内配線は、当該電気機械器具のみに電気を供給するもの
• 屋内配線には、簡易接触防護措置を施す
• 電気機械器具は、屋内配線と直接接続して施設する
• 電気機械器具に電気を供給する電路には、専用の開閉器及び過電流遮断器を施設する
• 電気機械器具に電気を供給する電路には、漏電遮断器を施設する

ロは専用の漏電遮断器（過負荷保護付）を使用しており、直接接続しているので適切である。

予想問題①

295

問い22 ニ

　300V以下の電気機械器具の鉄台・外箱の施工は、以下の場合D種接地工事を省略できる。
- 対地電圧が150V以下の機械器具を乾燥した場所に施設する
- 低圧用の機械器具を乾燥した木製の床など絶縁性のものの上で取り扱うように施設する
- 電気用品安全法の適用を受ける２重絶縁の構造の機械器具を施設する
- 電源側に絶縁変圧器を施設し、負荷側の電路を接地しない
- 水気のある場所以外の場所に施設する低圧用の機械器具に電気を供給する電路に電流動作型漏電遮断器（定格感度電流15mA以下、動作時間0.1秒以下）を施設する
- 金属製外箱等の周囲に絶縁台を設ける
- 低圧用もしくは高圧用の機械器具を、木柱その他これに類するものの上で、人の触れるおそれがない高さに施設する

ニのコンクリートの床は絶縁性のものでないので、D種接地工事を省略できない。

問い23 イ

　金属管の管内には、電磁的平衡を取るため必ず１回線の電線をすべて収める必要がある。

問い24 ハ

　回路計は、電力量の測定はできない。

問い25 ハ

　絶縁抵抗測定が困難な場合、当該電路の使用電圧が加わった状態で、漏えい電流が1mA以下であるなら、電気設備技術基準の解釈に定められた絶縁性能を有していると判断される。

問い26 ハ

　300V以下で0.5秒以内に動作する漏電遮断器も施設されているので、接地抵抗値は500Ω以下となり、接地線の太さは、1.6mm以上になる。

問い27 ニ

　電圧計は負荷と並列に、電流計は直列に、電力計は並列と直列両方の接続をする。

問い28 ニ

　電気工事士法では、「この法律は、電気工事の作業に従事する者の資格及び義務を定め、もつて電気工事の欠陥による災害の発生の防止に寄与することを目的とする」としている。

問い29 ロ

　特定電気用品には、〈PS〉E または＜PS＞E の表示が付される。

問い30 ロ

　低圧区分は、直流750V以下、交流600V以下になる。

問題２．配線図

問い31 イ

　ⓒⓁ はシーリング（天井直付）を表す。

問い32 ロ

　次ページ**第１図**を参照。

問い33 ロ

　小勢力回路の施設では、電線は直径0.8mm以上の太さであることが決められている。

問い34 イ

　ルームエアコンの屋外ユニットに傍記表示されるのは、Oである。

問い35 イ

　単相３線式100/200Vの屋内配線は、対地電圧が150V以下なので、絶縁抵抗値は0.1MΩ以上となる。

問い36 ニ

　単相３線式100/200Vは、対地電圧300V以下なので、D種接地工事となる。また、0.5秒以内に動作する漏電遮断器が設置され

ているので、接地抵抗の最大値は500Ωとなる。

問い37 ハ

地中電線路を直接埋設式により施設する場合、ケーブルを使用しなければならない。

問い38 ハ

低圧屋内電路の引込口は、他の屋内電路から電気の供給を受ける場合、接続する長さが15m以下であれば開閉器を省略できる。

問い39 ニ

傍記表示されている（PF22）は、合成樹脂製可とう電線管を表す。

問い40 ロ

木造造営物の低圧屋側工事でできる工事の種類は、①がいし引き工事、②合成樹脂管工事、③ケーブル工事になる。

問い41 ロ

⑪は3路スイッチ1個に配線されているので、心線数は3本になる。

問い42 ニ

問い43解説参照。

問い43 イ

②の心線数、⑫のボックス内の接続（リングスリーブ・刻印）、⑬のボックス内の接続（差込形コネクタ）は、**第1図**のようになる。

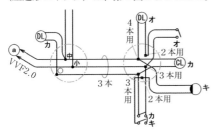

第1図

問い44 ハ

●₃は3路スイッチを表す。

問い45 イ

⊖はペンダントを表す。

問い46 ハ

[BE]の図記号は、過負荷保護付漏電遮断器を表す。3Pと傍記表示されているので、3極のものを選ぶ。

問い47 ニ

⑰はねじなし電線管を使った金属管工事で、合成樹脂管用カッタは使わない。

問い48 イ

⑱のボックス内の接続（リングスリーブ・刻印）は、**第2図**のようになる。

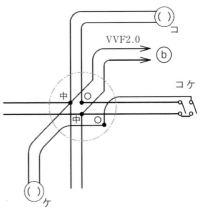

第2図

問い49 ニ

接地極付コンセント2個口は、この配線図では使われていない。

問い50 ロ

写真上は金属可とう電線管工事で使うストレートボックスコネクタで、この配線図では2種金属製可とう電線管は使われていない。

問題1．　一般問題（問題数 30、配点は1問当たり2点）

【注】本問題の計算で$\sqrt{2}$、$\sqrt{3}$ 及び円周率 π を使用する場合の数値は次によること。$\sqrt{2}=1.41$、$\sqrt{3}=1.73$、$\pi=3.14$

　次の各問いには4通りの答え（イ、ロ、ハ、ニ）が書いてある。それぞれの問いに対して答えを1つ選びなさい。

　なお、選択肢が数値の場合は最も近い値を選びなさい。

問い1 図のような直流回路に流れる電流 I [A] は。

イ．1　　　ロ．2

ハ．4　　　ニ．8

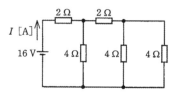

問い2 ビニル絶縁電線（単線）の導体の直径を D、長さを L とするとき、この電線の抵抗と許容電流に関する記述として、誤っているものは。

イ．許容電流は、周囲の温度が上昇すると、大きくなる。

ロ．電線の抵抗は、D^2 に反比例する。

ハ．電線の抵抗は、L に比例する。

ニ．許容電流は、D が大きくなると、大きくなる。

問い3 消費電力が500Wの電熱器を、1時間30分使用したときの発熱量 [kJ] は。

イ．450　　　ロ．750　　　ハ．1 800　　　ニ．2 700

問い4 図のような正弦波交流回路の電源電圧 v に対する電流 i の波形として、正しいものは。

イ．
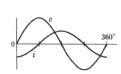

ロ．
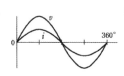

ハ．
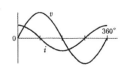

ニ．
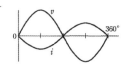

問い5 図のような三相3線式回路の全消費電力 [kW] は。

イ. 2.4 　 ロ. 4.8
ハ. 9.6 　 ニ. 19.2

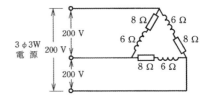

問い6 図のように、電線のこう長12mの配線により、消費電力1 600Wの抵抗負荷に電力を供給した結果、負荷の両端の電圧は100Vであった。配線における電圧降下 [V] は。
ただし、電線の電気抵抗は長さ1 000m当たり5.0Ωとする。

イ. 1 　 ロ. 2 　 ハ. 3 　 ニ. 4

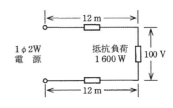

問い7 図のような単相3線式回路で、電線1線当たりの抵抗がr [Ω]、負荷電流がI [A]、中性線に流れる電流が0Aのとき、電圧降下 $(V_s - V_r)$ [V] を示す式は。

イ. $2rI$ 　 ロ. $3rI$ 　 ハ. rI 　 ニ. $\sqrt{3}\,rI$

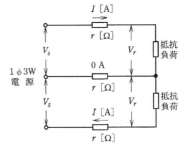

問い8 合成樹脂製可とう電線管（PF管）による低圧屋内配線工事で、管内に断面積5.5mm²の600Vビニル絶縁電線（軟銅線）3本を収めて施設した場合、電線1本当たりの許容電流 [A] は。
ただし、周囲温度は30℃以下、電流減少係数は0.70とする。

イ. 26 　 ロ. 34 　 ハ. 42 　 ニ. 49

問い9 図のように、三相の電動機と電熱器が低圧屋内幹線に接続されている場合、幹線の太さを決める根拠となる電流の最小値 [A] は。
ただし、需要率は100%とする。

イ. 95 　 ロ. 103 　 ハ. 115 　 ニ. 255

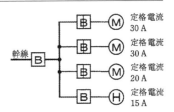

問い10 定格電流30Aの配線用遮断器で保護される分岐回路の電線（軟銅線）の太さと、接続できるコンセントの図記号の組合せとして、適切なものは。
ただし、コンセントは兼用コンセントではないものとする。

イ．断面積5.5mm² ⊖2　　　　ロ．断面積3.5mm² ⊖3

ハ．直径2.0mm ⊖20A　　　　ニ．断面積5.5mm² ⊖²⁰ᴬ₂

問い11 低圧の地中配線を直接埋設式により施設する場合に使用できるものは。

イ．600V架橋ポリエチレン絶縁ビニルシースケーブル（CV）
ロ．屋外用ビニル絶縁電線（OW）
ハ．引込用ビニル絶縁電線（DV）
ニ．600Vビニル絶縁電線（IV）

問い12 使用電圧が300V以下の屋内に施設する器具であって、付属する移動電線にビニルコードが使用できるものは。

イ．電気扇風機　　ロ．電気こたつ　　ハ．電気こんろ　　ニ．電気トースター

問い13 ねじなし電線管の曲げ加工に使用する工具は。

イ．トーチランプ　　ロ．ディスクグラインダ
ハ．パイプレンチ　　ニ．パイプベンダ

問い14 三相誘導電動機の始動において、全電圧始動（じか入れ始動）と比較して、スターデルタ始動の特徴として、正しいものは。

イ．始動時間が短くなる。　　　　ロ．始動電流が小さくなる。
ハ．始動トルクが大きくなる。　　ニ．始動時の巻線に加わる電圧が大きくなる。

問い15 系統連系型の小出力太陽光発電設備において、使用される機器は。

イ．調光器　　　　ロ．低圧進相コンデンサ
ハ．自動点滅器　　ニ．パワーコンディショナ

問い16 写真に示す材料の名称は。

イ．ユニバーサル　　ロ．ノーマルベンド
ハ．ベンダ　　　　ニ．カップリング

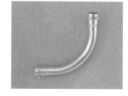

問い17 写真に示す器具の用途は。

イ．リモコン配線の操作電源変圧器として用いる。

ロ．リモコン配線のリレーとして用いる。

ハ．リモコンリレー操作用のセレクタスイッチとして
用いる。

ニ．リモコン用調光スイッチとして用いる。

問い18 写真に示す工具の用途は。

イ．金属管切り口の面取りに使用する。

ロ．鉄板の穴あけに使用する。

ハ．木柱の穴あけに使用する。

ニ．コンクリート壁の穴あけに使用する。

予想問題②

問い19 600Vビニル絶縁ビニルシースケーブル平形1.6mmを使用した低圧屋内配線工事で、絶縁電線相互の終端接続部分の絶縁処理として、不適切なものは。

ただし、ビニルテープはJISに定める厚さ約0.2mmの電気絶縁用ポリ塩化ビニル粘着テープとする。

イ．リングスリーブ（E形）により接続し、接続部分を自己融着性絶縁テープ（厚さ約
0.5mm）で半幅以上重ねて1回（2層）巻いた。

ロ．リングスリーブ（E形）により接続し、接続部分を黒色粘着性ポリエチレン絶縁
テープ（厚さ約0.5mm）で半幅以上重ねて3回（6層）巻いた。

ハ．リングスリーブ（E形）により接続し、接続部分をビニルテープで半幅以上重ねて
3回（6層）巻いた。

ニ．差込形コネクタにより接続し、接続部分をビニルテープで巻かなかった。

問い20 低圧屋内配線の工事方法として、不適切なものは。

イ．金属可とう電線管工事で、より線（絶縁電線）を用いて、管内に接続部分を設け
ないで収めた。

ロ．ライティングダクト工事で、ダクトの開口部を下に向けて施設した。

ハ．金属線ぴ工事で、長さ3mの2種金属製線ぴ内で電線を分岐し、D種接地工事を
省略した。

ニ．金属ダクト工事で、電線を分岐する場合、接続部分に十分な絶縁被覆を施し、かつ、
接続部分を容易に点検できるようにしてダクトに収めた。

問い21 木造住宅の単相3線式100/200V屋内配線工事で、不適切な工事方法は。

ただし、使用する電線は600Vビニル絶縁電線、直径1.6mm（軟銅線）とする。

イ．合成樹脂製可とう電線管（CD管）を木造の床下や壁の内部及び天井裏に配管した。

ロ．合成樹脂製可とう電線管（PF管）内に通線し、支持点間の距離を1.0mで造営材に
固定した。

ハ．同じ径の硬質ポリ塩化ビニル電線管（VE）2本をTSカップリングで接続した。

ニ．金属管を点検できない隠ぺい場所で使用した。

問い22 床に固定した定格電圧200V、定格出力2.2kWの三相誘導電動機の鉄台に接地工事をする場合、接地線（軟銅線）の太さと接地抵抗値の組合せで、不適切なものは。
ただし、漏電遮断器は設置しないものとする。

イ．直径1.6mm、10Ω　　　　　ロ．直径2.0mm、50Ω

ハ．公称断面積0.75mm²、5Ω　　ニ．直径2.6mm、75Ω

問い23 硬質ポリ塩化ビニル電線管による合成樹脂管工事として、不適切なものは。

イ．管の支持点間の距離を2mとした。

ロ．管相互及び管とボックスとの接続で、専用の接着剤を使用し、管の差込み深さを管の外径の0.9倍とした。

ハ．湿気の多い場所に施設した管とボックスとの接続箇所に、防湿装置を施した。

ニ．三相200V配線で、簡易接触防護措置を施した場所に施設した管と接続する金属製プルボックスに、D種接地工事を施した。

問い24 アナログ式回路計（電池内蔵）の回路抵抗測定に関する記述として、誤っているものは。

イ．回路計の電池容量が正常であることを確認する。

ロ．抵抗測定レンジに切り換える。被測定物の概略値が想定される場合は、測定レンジの倍率を適正なものにする。

ハ．赤と黒の測定端子（テストリード）を短絡し、指針が0Ωになるよう調整する。

ニ．被測定物に、赤と黒の測定端子（テストリード）を接続し、その時の指示値を読む。なお、測定レンジに倍率表示がある場合は、読んだ指示値を倍率で割って測定値とする。

問い25 単相3線式100/200Vの屋内配線において、開閉器又は過電流遮断器で区切ることができる電路ごとの絶縁抵抗の最小値として、「電気設備に関する技術基準を定める省令」に規定されている値［MΩ］の組合せで、正しいものは。

イ．電路と大地間0.2 電線相互間0.4　　ロ．電路と大地間0.2 電線相互間0.2

ハ．電路と大地間0.1 電線相互間0.1　　ニ．電路と大地間0.1 電線相互間0.2

問い26 直読式接地抵抗計を用いて、接地抵抗を測定する場合、被測定接地極Eに対する、2つの補助接地極P（電圧用）及びC（電流用）の配置として、最も適切なものは。

イ.　　　　　　　　　　　　　　ロ.

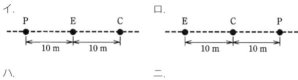

ハ.　　　　　　　　　　　　　　ニ.

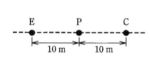

問い27 単相3線式回路の漏れ電流の有無を、クランプ形漏れ電流計を用いて測定する場合の測定方法として、正しいものは。

ただし、 ━━━ は中性線を示す。

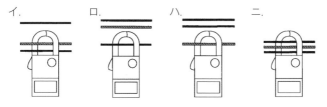

イ.　　　　ロ.　　　　ハ.　　　　ニ.

問い28 電気工事士の義務又は制限に関する記述として、誤っているものは。

イ. 電気工事士は、電気工事士法で定められた電気工事の作業に従事するときは、電気工事士免状を携帯していなければならない。

ロ. 電気工事士は、氏名を変更したときは、免状を交付した都道府県知事に申請して免状の書換えをしてもらわなければならない。

ハ. 第二種電気工事士のみの免状で、需要設備の最大電力が500kW未満の自家用電気工作物の低圧部分の電気工事のすべての作業に従事することができる。

ニ. 電気工事士は、電気工事士法で定められた電気工事の作業を行うときは、電気設備に関する技術基準を定める省令に適合するよう作業を行わなければならない。

問い29 「電気用品安全法」において、特定電気用品の適用を受けるものは。

イ. 外径25mmの金属製電線管　　ロ. 定格電流60Aの配線用遮断器
ハ. ケーブル配線用スイッチボックス　　ニ. 公称断面積150mm^{2}の合成樹脂絶縁電線

問い30 一般用電気工作物等に関する記述として、誤っているものは。

イ. 低圧で受電するもので、出力60kWの太陽電池発電設備を同一構内に施設するものは、一般用電気工作物等となる。

ロ. 低圧で受電するものは、小出力発電設備を同一構内に施設しても一般用電気工作物等となる。

ハ. 低圧で受電するものであっても、火薬類を製造する事業場など、設置する場所によっては一般用電気工作物とならない。

ニ. 高圧で受電するものは、受電電力の容量、需要場所の業種にかかわらず、一般用電気工作物とならない。

問題 2.　配線図 （問題数 20、配点は1問当たり2点）　※図は307～308ページ参照

　図は、木造3階建住宅の配線図である。この図に関する次の各問いには4通りの答え（イ、ロ、ハ、ニ）が書いてある。それぞれの問いに対して、答えを1つ選びなさい。

【注意】 1. 屋内配線の工事は、特記のある場合を除き 600V ビニル絶縁ビニルシースケーブル平形（VVF）を用いたケーブル工事である。

　　　　 2. 屋内配線等の電線の本数、電線の太さ、その他、問いに直接関係のない部分等は省略又は簡略化してある。

3. 漏電遮断器は、定格感度電流 30mA、動作時間 0.1 秒以内のものを使用している。

4. 選択肢（答え）の写真にあるコンセント及び点滅器は、「JIS C 0303：2000 構内電気設備の配線用図記号」で示す「一般形」である。

5. ジョイントボックスを経由する電線は、すべて接続箇所を設けている。

6. 3路スイッチの記号「0」の端子には、電源側又は負荷側の電線を結線する。

問い31 ①で示す図記号の器具の種類は。

　　イ．引掛形コンセント　　　　ロ．シーリング（天井直付）
　　ハ．引掛シーリング（角）　　ニ．埋込器具

問い32 ②で示す部分の電路と大地間の絶縁抵抗として、許容される最小値 [MΩ] は。

　　イ．0.1　　ロ．0.2　　ハ．0.4　　ニ．1.0

問い33 ③で示すコンセントの極配置（刃受）は。

　　イ．　　　　　　　ロ．　　　　　　　ハ．　　　　　　　ニ．

問い34 ④で示す図記号の器具の種類は。

　　イ．漏電遮断器付コンセント　　ロ．接地極付コンセント
　　ハ．接地端子付コンセント　　　ニ．接地極付接地端子付コンセント

問い35 ⑤で示す図記号の器具を用いる目的は。

　　イ．不平衡電流を遮断する。　　ロ．過電流と地絡電流を遮断する。
　　ハ．地絡電流のみを遮断する。　ニ．短絡電流のみを遮断する。

問い36 ⑥で示す部分の接地工事における接地抵抗の許容される最大値 [Ω] は。

　　イ．10　　ロ．100　　ハ．300　　ニ．500

問い37 ⑦で示す部分の最少電線本数（心線数）は。

　　イ．3　　ロ．4　　ハ．5　　ニ．6

問い38 ⑧で示す部分の小勢力回路で使用できる電線（軟銅線）の導体の最小直径 [mm] は。

　　イ．0.8　　ロ．1.2　　ハ．1.6　　ニ．2.0

問い39 ⑨で示す部分は屋外灯の自動点滅器である。その図記号の傍記表示は。

　　イ．A　　ロ．T　　ハ．P　　ニ．L

問い40 ⑩で示す図記号の配線方法は。

- イ．天井隠ぺい配線
- ロ．床隠ぺい配線
- ハ．露出配線
- ニ．ライティングダクト配線

問い41 ⑪で示す図記号の器具は。

イ. ロ. ハ. ニ.

問い42 ⑫で示す図記号の器具は。

イ. ロ. ハ. ニ.

問い43 ⑬で示す図記号の機器は。

イ. ロ. ハ. ニ.

問い44 ⑭で示すボックス内の接続をすべて圧着接続とする場合、使用するリングスリーブの種類と最少個数の組合せで、正しいものは。
ただし、使用する電線は、すべてVVF1.6とする。

イ.
小 2個
中 2個

ロ.
小 3個
中 1個

ハ.
小 3個
中 2個

ニ.
小 1個
中 3個

問い45 ⑮で示す図記号の機器は。

イ. 　ロ. 　ハ. 　ニ.

問い46 ⑯で示す木造部分に配線用の穴をあけるための工具として、正しいものは。

イ. 　ロ. 　ハ. 　ニ.

問い47 ⑰で示すボックス内の接続をすべて差込形コネクタとする場合、使用する差込形コネクタの種類と最少個数の組合せで、正しいものは。
ただし、使用する電線は、すべてVVF1.6とする。

イ. 　ロ. 　ハ. 　ニ.

問い48 ⑱で示す部分の配線工事に必要なケーブルは。
ただし、心線数は最少とする。

イ. 　ロ. 　ハ. 　ニ.

問い49 ⑲で示す図記号の器具は。
ただし、写真下の図は、接点の構成を示す。

イ. 　ロ. 　ハ. 　ニ.

問い50 ⑳で示す地中配線工事で防護管（FEP）を切断するための工具として、正しいものは。

イ. 　ロ. 　ハ. 　ニ.

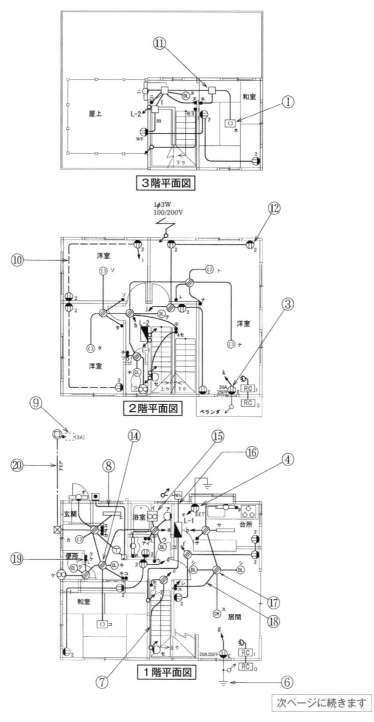

3階平面図

1φ3W
100/200V

2階平面図

1階平面図

次ページに続きます

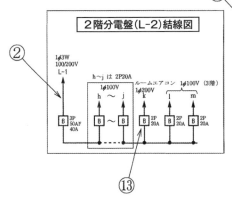

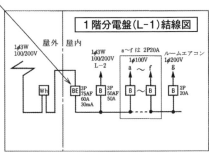

予想問題② 学科試験

解答・解説

問題1．一般問題

問い1　ハ

右2つの抵抗の合成は、

$$\frac{4 \times 4}{4 + 4} = \frac{16}{8} = 2 \ [\Omega]$$

もとめた合成抵抗と中央上の抵抗の合成は、

$$2 + 2 = 4 \ [\Omega]$$

もとめた合成抵抗と中央左の抵抗の合成は、

$$\frac{4 \times 4}{4 + 4} = \frac{16}{8} = 2 \ [\Omega]$$

もとめた合成抵抗と左上の抵抗の合成は、

$$2 + 2 = 4 \ [\Omega]$$

回路に流れる電流 I は、

$$\frac{16}{4} = 4 \ [A]$$

問い2　イ

許容電流は温度が上昇した場合、電流減少係数を掛けて小さくなる。

問い3　ニ

発熱量 H は、

$$H = 3\,600 \times 500 \times 1.5 \times 10^{-3}$$
$$= 2\,700 \ [kJ]$$

問い4　ハ

コンデンサが接続された回路では、電圧に対して電流が90°進む（進み位相）。進み位相の波形はハ。

問い5　ハ

抵抗と誘導性リアクタンスの合成インピーダンスは、

$$\sqrt{8^2 + 6^2} = 10 \ [\Omega]$$

相電流は、

$$\frac{200}{10} = 20 \ [A]$$

全消費電力は、

$$3 \times 20^2 \times 8 \times 10^{-3} = 9.6 \ [kW]$$

問い6　ロ

電線に流れる電流は、

$$\frac{1\,600}{100} = 16 \ [A]$$

電線の電気抵抗は、

$$12 \times \frac{5.0}{1\,000} = 0.06 \ [\Omega]$$

電圧降下は、

$$2 \times 16 \times 0.06 = 1.92 \fallingdotseq 2 \ [V]$$

問い7 ハ

電圧降下 $(V_s - V_r)$ の式は、rI となる。

問い8 ロ

断面積 $5.5\mathrm{mm}^2$ の許容電流は $49\mathrm{A}$ で、これに電流減少係数を掛けると、

$49 \times 0.7 = 34.3$ [A]

小数点以下を7捨8入すると $34\mathrm{A}$ となる。

問い9 ロ

設問では、電動機が $30\mathrm{A}$ 2台と $20\mathrm{A}$ 1台で、需要率が100%なので、

$\{(30 \times 2) + 20\} \times 1 = 80$ [A]

$50\mathrm{A}$ 以上なので、電動機の定格電流の合計×需要率の1.1倍になる。

$(80 \times 1.1) + 15 = 103$ [A]

問い10 ニ

$30\mathrm{A}$ の配線用遮断器では、分岐回路の電線の太さを $5.5\mathrm{mm}^2$ (2.6mm) 以上、コンセントは $20\mathrm{A}$ 以上 $30\mathrm{A}$ 以下を使う。

問い11 イ

直接埋設式の地中電線路の施設では、使用電線はケーブルでなければならない。

問い12 イ

移動電線の施設で、ビニルコードは電気を熱として利用しない電気機械器具に限られる。

問い13 ニ

パイプベンダは、ねじなし電線管などの金属製電線管の曲げ加工に使用する。

問い14 ロ

スターデルタ始動は、全電圧始動と比較して始動電流が小さくなる。

問い15 ニ

パワーコンディショナは、太陽光発電モジュールで発電した直流の電気を、交流に変換するもの。

問い16 ロ

ねじなし電線管の直角曲げ部分に使用する。

問い17 ロ

写真は、リモコンリレーである。

問い18 ロ

写真の工具はホルソで、電動ドリルに取り付けて鉄板などに穴をあけるのに使用する。

問い19 イ

自己融着性絶縁テープで絶縁処理をする場合は、半幅以上重ねて1回以上巻き（2層以上）、かつ、その上に保護テープを半幅以上重ねて1回以上巻く必要がある。

問い20 ハ

金属線ぴ工事で金属製線ぴ内に接続点を設ける場合、D種接地工事を施す必要がある。

問い21 イ

CD管は、直接コンクリートに埋め込んで施設するか、専用の不燃性もしくは自消性のある難燃性の管またはダクトに収めて施設する必要がある。

問い22 ハ

設問の接地工事は $300\mathrm{V}$ 以下なので、D種接地工事になり $1.6\mathrm{mm}$ 以上で、より線の場合はほぼ同じ太さに相当する $2.0\mathrm{mm}^2$ 以上でなければならない。

問い23 イ

管の支持点間の距離を $1.5\mathrm{m}$ 以下としなければならない。

問い24 ニ

アナログ式回路計の倍率表示は、読んだ指示値に倍率を掛けて測定値とする。

問い25 ハ

単相3線式 $100/200\mathrm{V}$ の屋内配線は、対地電圧 $150\mathrm{V}$ 以下なので、絶縁抵抗の最小値は $0.1\mathrm{M}\Omega$ となる。

問い26 ハ

被測定接地極Eから、補助接地極P（電圧用）を10m、補助接地極C（電流用）はさらにそこから10m離し、一直線にして測定する。

問い27 ニ

クランプ形漏れ電流計は、回路のすべての電線を挟む必要がある。

問い28 ハ

自家用電気工作物の低圧部分の電気工事は、第二種電気工事士のみの免状では、すべての作業に従事できない。

問い29 ロ

100A以下の開閉器（配線用遮断器など）は、特定電気用品の適用を受ける。

問い30 イ

出力50kW以上の太陽電池発電設備は、小出力発電設備に該当しない。

問題2．配線図

問い31 ハ

$\boxed{()}$ の図記号は、引掛シーリング（角）を表す。

問い32 イ

②の回路は、300V以下で対地電圧150V以下で、絶縁抵抗として許容される最小値は0.1MΩ。

問い33 ハ

$\overset{20A}{\underset{250V}{\bigcirc}}_E$ の図記号は、20A 250V接地極付コンセントを表す。

問い34 ニ

$\bigoplus_{EET}$ は接地極付接地端子付コンセントを表す。

問い35 ロ

$\boxed{BE}$ の図記号は、過負荷保護付漏電遮断器を表し、過電流と地絡電流を遮断する。

問い36 ニ

0.5秒以内に自動的に回路を遮断する装置が設置されているで、500Ωになる。

問い37 イ

⑦で示す部分を複線化すると、**第1図**のようになる。

問い38 イ

小勢力回路の施設では、電線は直径0.8mm以上の太さにする必要がある。

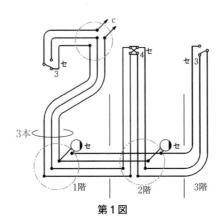

第1図

問い39 イ

自動点滅器の図記号の傍記表示はAになる。

問い40 ロ

⑩で示す図記号は、床隠ぺい配線になる。

問い41 ハ

☐ の図記号は、ジョイントボックスを表す。

問い42 ニ

⊖2の図記号は、15A125V 2口コンセントを表す。

問い43 ニ

B $\frac{2P}{20A}$ は2極定格電流20Aの配線用遮断器で、200V回路なので2極2素子になる。

問い44 ロ

⑭で示すボックス内の接続は、**第2図**のようになる。

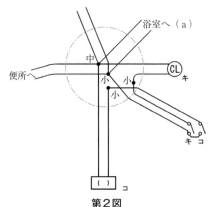

第2図

問い45 ハ

∞ の図記号は、天井付きの換気扇を表す。

問い46 ハ

ハは木工用ドリルビットで、木造部分に穴をあけるのに使用される。イはねじ穴を切るタップ、ロはリーマ、ニはコンクリート用ドリルビットである。

問い47 イ

問い48解説参照。

問い48 ロ

⑰の部分のボックス内の接続と⑱の心線数は、**第3図**のようになる。

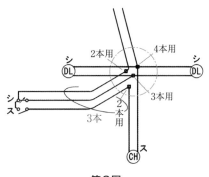

第3図

問い49 ロ

●Lの図記号は、確認表示灯内蔵スイッチを表す。確認表示灯内蔵スイッチはロである。

問い50 ニ

FEP（波付硬質合成樹脂管）の切断には、金切りのこなどが使われる。

予想問題③ 学科試験 〔試験時間 2時間〕

問題1. 一般問題（問題数 30、配点は1問当たり2点）

【注】本問題の計算で$\sqrt{2}$、$\sqrt{3}$及び円周率πを使用する場合の数値は次によること。$\sqrt{2} = 1.41$、$\sqrt{3} = 1.73$、$\pi = 3.14$

　次の各問いには4通りの答え（イ、ロ、ハ、ニ）が書いてある。それぞれの問いに対して答えを1つ選びなさい。

　なお、選択肢が数値の場合は最も近い値を選びなさい。

問い1 図のような直流回路で、a－b間の電圧［V］は。

イ. 10　　ロ. 20
ハ. 30　　ニ. 40

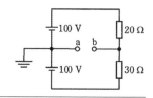

問い2 A、B2本の同材質の銅線がある。Aは直径1.6mm、長さ20m、Bは直径3.2mm、長さ40mである。Aの抵抗はBの抵抗の何倍か。

イ. 2　　　ロ. 3　　　ハ. 4　　　ニ. 5

問い3 電熱器により、60kgの水の温度を20K上昇させるのに必要な電力量［kW·h］は。ただし、水の比熱は4.2kJ/(kg·K)とし、熱効率は100%とする。

イ. 1.0　　ロ. 1.2　　ハ. 1.4　　ニ. 1.6

問い4 図のような交流回路の力率［%］を示す式は。

イ. $\dfrac{100RX}{R^2 + X^2}$　　ロ. $\dfrac{100R}{\sqrt{R^2 + X^2}}$

ハ. $\dfrac{100X}{\sqrt{R^2 + X^2}}$　　ニ. $\dfrac{100R}{R + X}$

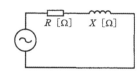

問い5 図のような三相3線式回路に流れる電流 I［A］は。

イ. 8.3　　ロ. 11.6
ハ. 14.3　　ニ. 20.0

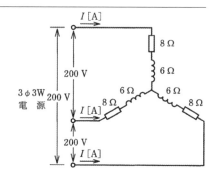

問い6 図のような単相2線式回路において、d－d′間の電圧が100Vのときa－a′間の電圧 [V] は。
ただし、r_1、r_2及びr_3は電線の電気抵抗 [Ω] とする。

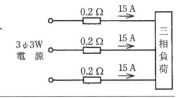

イ. 102 　　ロ. 103
ハ. 104 　　ニ. 105

問い7 図のような三相3線式交流回路において、電線1線当たりの抵抗が0.2Ω、線電流が15Aのとき、この電線路の電力損失 [W] は。

イ. 78 　　ロ. 90 　　ハ. 120 　　ニ. 135

問い8 低圧屋内配線工事に使用する600Vビニル絶縁ビニルシースケーブル丸形（銅導体）、導体の直径2.0mm、3心の許容電流 [A] は。
ただし、周囲温度は30℃以下、電流減少係数は0.70とする。

イ. 19 　　ロ. 24 　　ハ. 33 　　ニ. 35

問い9 定格電流12Aの電動機5台が接続された単相2線式の低圧屋内幹線がある。この幹線の太さを決定するための根拠となる電流の最小値 [A] は。
ただし、需要率は80 [%] とする。

イ. 48 　　ロ. 60 　　ハ. 66 　　ニ. 75

問い10 低圧屋内配線の分岐回路の設計で、配線用遮断器の定格電流とコンセントの組合せとして、不適切なものは。

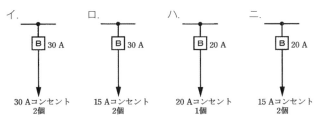

問い11 住宅で使用する電気食器洗い機用のコンセントとして、最も適しているものは。

イ. 引掛形コンセント 　　ロ. 抜け止め形コンセント
ハ. 接地端子付コンセント 　　ニ. 接地極付接地端子付コンセント

問い12 許容電流から判断して、公称断面積1.25mm²のゴムコード（絶縁物が天然ゴムの混合物）を使用できる最も消費電力の大きな電熱器具は。
ただし、電熱器具の定格電圧は100Vで、周囲温度は30℃以下とする。

イ．600Wの電気炊飯器　　ロ．1 000Wのオーブントースター
ハ．1 500Wの電気湯沸器　　ニ．2 000Wの電気乾燥機

問い13 ノックアウトパンチャの用途で、適切なものは。

イ．金属製キャビネットに穴を開けるのに用いる。
ロ．太い電線を圧着接続する場合に用いる。
ハ．コンクリート壁に穴を開けるのに用いる。
ニ．太い電線管を曲げるのに用いる。

問い14 一般用低圧三相かご形誘導電動機に関する記述で、誤っているものは。

イ．負荷が増加すると回転速度はやや低下する。
ロ．全電圧始動（じか入れ）での始動電流は全負荷電流の4～8倍程度である。
ハ．電源の周波数が60Hzから50Hzに変わると回転速度が増加する。
ニ．3本の結線のうちいずれか2本を入れ替えると逆回転する。

問い15 系統連系型の太陽電池発電設備において、使用される機器は。

イ．低圧進相コンデンサ　　ロ．パワーコンディショナ
ハ．調光器　　　　　　　　ニ．自動点滅器

問い16 写真に示す材料の名称は。

イ．無機絶縁ケーブル
ロ．600Vビニル絶縁ビニルシースケーブル平形
ハ．600V架橋ポリエチレン絶縁ビニルシースケーブル
ニ．600Vポリエチレン絶縁耐燃性ポリエチレンシースケーブル平形

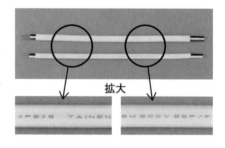

拡大

問い17 写真に示す器具の名称は。

イ．電力量計　　　ロ．調光器
ハ．自動点滅器　　ニ．タイムスイッチ

問い18 写真に示す測定器の名称は。

イ．周波数計　　ロ．検相器

ハ．照度計　　　ニ．クランプ形電流計

問い19 低圧屋内配線工事で、600Vビニル絶縁電線（軟銅線）をリングスリーブ用圧着工具とリングスリーブ（E形）を用いて終端接続を行った。接続する電線に適合するリングスリーブの種類と圧着マーク（刻印）の組合せで、不適切なものは。

イ．直径2.0mm 3本の接続に、中スリーブを使用して圧着マークを中にした。

ロ．直径1.6mm 3本の接続に、小スリーブを使用して圧着マークを小にした。

ハ．直径2.0mm 2本の接続に、中スリーブを使用して圧着マークを中にした。

ニ．直径1.6mm 1本と直径2.0mm 2本の接続に、中スリーブを使用して圧着マークを中にした。

問い20 100Vの低圧屋内配線工事で、不適切なものは。

イ．フロアダクト工事で、ダクトの長さが短いのでD種接地工事を省略した。

ロ．ケーブル工事で、ビニル外装ケーブルと弱電流電線が接触しないように施設した。

ハ．金属管工事で、ワイヤラス張りの貫通箇所のワイヤラスを十分に切り開き、貫通部分の金属管を合成樹脂管に収めた。

ニ．合成樹脂管工事で、その管の支持点間の距離を1.5mとした。

問い21 店舗付き住宅に三相200V、定格消費電力2.8kWのルームエアコンを施設する屋内配線工事の方法として、不適切なものは。

イ．屋内配線には、簡易接触防護措置を施す。

ロ．電路には、漏電遮断器を施設する。

ハ．電路には、他負荷の電路と共用の配線用遮断器を施設する。

ニ．ルームエアコンは、屋内配線と直接接続して施設する。

問い22 三相誘導電動機回路の力率を改善するために、低圧進相コンデンサを接続する場合、その接続場所及び接続方法として、最も適切なものは。

イ．手元開閉器の負荷側に電動機と並列に接続する。

ロ．主開閉器の電源側に各台数分をまとめて電動機と並列に接続する。

ハ．手元開閉器の負荷側に電動機と直列に接続する。

ニ．手元開閉器の電源側に電動機と並列に接続する。

予想問題③

問い23 図に示す雨線外に施設する金属管工事の末端 Ⓐ 又は Ⓑ 部分に使用するものとして、不適切なものは。

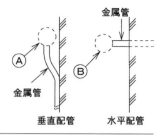

イ. Ⓐ 部分にエントランスキャップを使用した。
ロ. Ⓑ 部分にターミナルキャップを使用した。
ハ. Ⓑ 部分にエントランスキャップを使用した。
ニ. Ⓐ 部分にターミナルキャップを使用した。

問い24 図のような単相3線式回路で、開閉器を閉じて機器Aの両端の電圧を測定したところ150Vを示した。この原因として、考えられるものは。

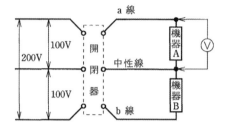

イ. 機器Aの内部で断線している。
ロ. a線が断線している。
ハ. b線が断線している。
ニ. 中性線が断線している。

問い25 低圧屋内配線の電路と大地間の絶縁抵抗を測定した。「電気設備に関する技術基準を定める省令」に適合していないものは。

イ. 単相3線式100/200Vの使用電圧200V空調回路の絶縁抵抗を測定したところ0.16MΩであった。

ロ. 三相3線式の使用電圧200V（対地電圧200V）電動機回路の絶縁抵抗を測定したところ0.18MΩであった。

ハ. 単相2線式の使用電圧100V屋外庭園灯回路の絶縁抵抗を測定したところ0.12MΩであった。

ニ. 単相2線式の使用電圧100V屋内配線の絶縁抵抗を、分電盤で各回路を一括して測定したところ、1.5MΩであったので個別分岐回路の測定を省略した。

問い26 工場の200V三相誘導電動機（対地電圧200V）への配線の絶縁抵抗値［MΩ］及びこの電動機の鉄台の接地抵抗値［Ω］を測定した。電気設備技術基準等に適合する測定値の組合せとして、適切なものは。
ただし、200V電路に施設された漏電遮断器の動作時間は0.1秒とする。

イ. 0.2MΩ　300Ω 　　ロ. 0.4MΩ　600Ω
ハ. 0.1MΩ　200Ω 　　ニ. 0.1MΩ　50Ω

問い27 アナログ計器とディジタル計器の特徴に関する記述として、誤っているものは。

イ．アナログ計器は永久磁石可動コイル形計器のように、電磁力等で指針を動かし、振れ角でスケールから値を読み取る。

ロ．ディジタル計器は測定入力端子に加えられた交流電圧などのアナログ波形を入力変換回路で直流電圧に変換し、次にA-D変換回路に送り、直流電圧の大きさに応じたディジタル量に変換し、測定値が表示される。

ハ．電圧測定では、アナログ計器は入力抵抗が高いので被測定回路に影響を与えにくいが、ディジタル計器は入力抵抗が低いので被測定回路に影響を与えやすい。

ニ．アナログ計器は変化の度合いを読み取りやすく、測定量を直感的に判断できる利点を持つが、読み取り誤差を生じやすい。

問い28 電気工事士法において、一般用電気工作物の工事又は作業で電気工事士でなければ従事できないものは。

イ．インターホーンの施設に使用する小型変圧器（二次電圧が36V以下）の二次側の配線をする。

ロ．電線を支持する柱、腕木を設置する。

ハ．電圧600V以下で使用する電力量計を取り付ける。

ニ．電線管とボックスを接続する。

問い29 低圧の屋内回路に使用する次のもののうち、特定電気用品の組合せとして、正しいものは。

A：定格電圧100V、定格電流20Aの漏電遮断器
B：定格電圧100V、定格消費電力25Wの換気扇
C：定格電圧600V、導体の太さ（直径）2.0mmの3心ビニル絶縁ビニルシースケーブル
D：内径16mmの合成樹脂製可とう電線管（PF管）

イ．A及びB　　ロ．A及びC　　ハ．B及びD　　ニ．C及びD

問い30 「電気設備に関する技術基準を定める省令」における電圧の低圧区分の組合せで、正しいものは。

イ．交流600V以下、直流750V以下　　　ロ．交流600V以下、直流700V以下

ハ．交流600V以下、直流600V以下　　　ニ．交流750V以下、直流600V以下

問題 2. 配線図 （問題数 20、配点は1問当たり2点）　※図は 321 ～ 322 ページ参照

　図は、鉄筋コンクリート造集合住宅の1戸部分の配線図である。この図に関する次の各問いには4通りの答え（イ、ロ、ハ、ニ）が書いてある。それぞれの問いに対して、答えを1つ選びなさい。

【注意】 1. 屋内配線の工事は、特記のある場合を除き 600V ビニル絶縁ビニルシースケーブル平形（VVF）を用いたケーブル工事である。

2. 屋内配線等の電線の本数、電線の太さ、その他、問いに直接関係のない部分等は省略又は簡略化してある。

3. 漏電遮断器は、定格感度電流 30mA、動作時間 0.1 秒以内のものを使用している。

4. 選択肢（答え）の写真にある点滅器は、「JIS C 0303：2000 構内電気設備の配線用図記号」で示す「一般形」である。

5．ジョイントボックスを経由する電線は、すべて接続箇所を設けている。
6．3路スイッチの記号「0」の端子には、電源側又は負荷側の電線を結線する。

問い31 ①で示す図記号の計器の使用目的は。

イ．負荷率を測定する。　　ロ．電力を測定する。
ハ．電力量を測定する。　　ニ．最大電力を測定する。

問い32 ②で示す部分の小勢力回路で使用できる電圧の最大値［V］は。

イ．24　　ロ．30　　ハ．40　　ニ．60

問い33 ③で示す図記号の器具の種類は。

イ．位置表示灯を内蔵する点滅器　　ロ．確認表示灯を内蔵する点滅器
ハ．遅延スイッチ　　　　　　　　　ニ．熱線式自動スイッチ

問い34 ④で示す図記号の器具の種類は。

イ．接地端子付コンセント　　ロ．接地極付接地端子付コンセント
ハ．接地極付コンセント　　　ニ．接地極付接地端子付漏電遮断器付コンセント

問い35 ⑤で示す部分にペンダントを取り付けたい。図記号は。

イ． 　　ロ． 　　ハ． 　　ニ．

問い36 ⑥で示す部分はルームエアコンの屋内ユニットである。その図記号の傍記表示は。

イ．O　　ロ．R　　ハ．B　　ニ．I

問い37 ⑦で示すコンセントの極配置（刃受）は。

イ． 　　ロ． 　　ハ． 　　ニ．

問い38 ⑧で示す部分の最少電線本数（心線数）は。

イ．2　　ロ．3　　ハ．4　　ニ．5

問い39 ⑨で示す部分の電路と大地間の絶縁抵抗として、許容される最小値［MΩ］は。

イ．0.1　　ロ．0.2　　ハ．0.4　　ニ．1.0

問い40 ⑩で示す図記号の器具の種類は。

  イ．シーリング（天井直付）   ロ．引掛シーリング（丸）

  ハ．埋込器具   二．天井コンセント（引掛形）

問い41 ⑪で示すボックス内の接続をすべて圧着接続とする場合、使用するリングスリーブの種類と最少個数の組合せで、正しいものは。
ただし、使用する電線はすべてVVF1.6とする。

イ.  小1個 / 中2個

ロ.  小3個 / 中1個

ハ. 小3個

二. 小4個

問い42 ⑫で示す部分の配線工事に使用するケーブルは。
ただし、心線数は最少とする。

イ.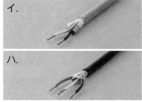

ロ.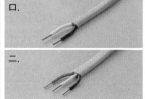

ハ. ニ.

問い43 ⑬で示す図記号の器具は。

イ. 　ロ. 　ハ. 　二.

問い44 ⑭で示す部分に取り付ける機器は。

イ. 　ロ. 　ハ. 　二.

問い45 ⑮で示す回路の負荷電流を測定するものは。

イ. 　ロ. 　ハ. 　二.

問い46 ⑯で示す図記号の器具は。

イ.

ロ.

ハ.

ニ.

問い47 ⑰で示すボックス内の接続をリングスリーブ小3個を使用して圧着接続した場合の圧着接続後の刻印の組合せで、正しいものは。
ただし、使用する電線はすべてVVF1.6とする。また、写真に示すリングスリーブ中央の〇、小は刻印を表す。

イ.

ロ.

ハ.

ニ.

問い48 ⑱で示す図記号のものは。

イ.

ロ.

ハ.

ニ.

問い49 ⑲で示すボックス内の接続をすべて差込形コネクタとする場合、使用する差込形コネクタの種類と最少個数の組合せで、正しいものは。
ただし、使用する電線はすべてVVF1.6とする。

イ.

ロ.
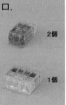

ハ.

ニ.

問い50 この配線図の図記号で使用されていないスイッチは。
ただし、写真下の図は、接点の構成を示す。

イ.

ロ.

ハ.

ニ.

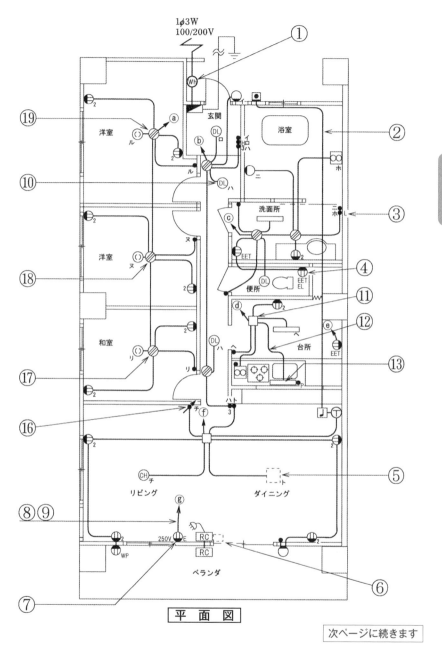

平面図

次ページに続きます

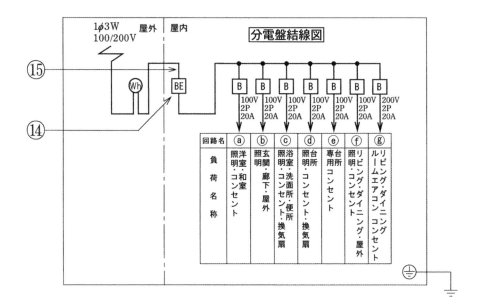

1φ3W 屋外 | 屋内　　　**分電盤結線図**
100/200V

⑮

⑭

回路名	ⓐ	ⓑ	ⓒ	ⓓ	ⓔ	ⓕ	ⓖ
負荷名称	洋室・和室照明・コンセント	玄関・廊下・屋外照明	浴室・洗面所・便所照明・コンセント・換気扇	台所照明・コンセント・換気扇	台所専用コンセント	リビング・ダイニング・屋外照明・コンセント	リビング・ダイニングルームエアコンコンセント

各Bの表示：
ⓐ 100V 2P 20A ／ ⓑ 100V 2P 20A ／ ⓒ 100V 2P 20A ／ ⓓ 100V 2P 20A ／ ⓔ 100V 2P 20A ／ ⓕ 100V 2P 20A ／ ⓖ 200V 2P 20A

予想問題③　学科試験
解答・解説

問題1．一般問題

問い1 ロ

2つの電池の電圧の合計は、
$$100 + 100 = 200 \text{ [V]}$$
2つの抵抗の合成抵抗は、
$$20 + 30 = 50 \text{ [Ω]}$$
直流回路に流れる電流は、
$$\frac{200}{50} = 4 \text{ [A]}$$

30Ωの抵抗の両端の電圧と100Vとの電圧の差は、
$$30 \times 4 = 120 \text{[V]}$$
$$120 - 100 = 20 \text{[V]}$$

問い2 イ

A、Bそれぞれの抵抗の式から、Bに対するAの割合を表すと、次のようになる。

$$\frac{\text{Aの抵抗}}{\text{Bの抵抗}} = \frac{\rho \times \dfrac{20}{\pi (1.6/2)^2}}{\rho \times \dfrac{40}{\pi (3.2/2)^2}} = 2$$

問い3 ハ

発熱量Hは、
$$H = 60 \times 20 \times 4.2 = 5\,040 \text{ [kJ]}$$
発熱量を電力量に変換すると、
$$\frac{5\,040}{3\,600} = 1.4 \text{ [kW·h]}$$

問い4 ロ

力率［％］は、抵抗Rを合成インピーダンス（$\sqrt{R^2 + X^2}$）で割ったものに100を掛けたものになる。

問い5 ロ

一相の合成インピーダンスは、
$$\sqrt{8^2 + 6^2} = 10 \text{ [Ω]}$$
回路に流れる電流は、
$$\frac{\dfrac{200}{\sqrt{3}}}{10} = \frac{20}{\sqrt{3}} ≒ 11.6 \text{ [A]}$$

問い6　ニ

a−b間、a′−b′間を流れる電流は、

$5+5+10=20$［A］

a−b間とa′−b′間の電圧降下は、

$2 \times 20 \times 0.05 = 2$［V］

b−c間、b′−c′間を流れる電流は、

$5+5=10$［A］

b−c間とb′−c′間の電圧降下は、

$2 \times 10 \times 0.1 = 2$［V］

c−d間とc′−d′間の電圧降下は、

$2 \times 5 \times 0.1 = 1$［V］

a−a′間の電圧は、

$100+2+2+1=105$［V］

問い7　ニ

電力損失は、

$3I^2r = 3 \times 15^2 \times 0.2 = 135$［W］

問い8　ロ

軟銅線2.0mmの許容電流は35Aで、これに電流減少係数を掛けると、

$35 \times 0.70 = 24.5$［A］

小数点以下を7捨8入すると24Aとなる。

問い9　ロ

設問では、12Aの三相電動機が5台で、需要率が80%なので、

$(12 \times 5) \times 0.8 = 48$［A］

50A以下なので、電動機の定格電流の合計×需要率の1.25倍になる。

$48 \times 1.25 = 60$［A］

問い10　ロ

30Aの配線用遮断器には、20A以上30A以下のコンセントを取り付ける必要がある。

問い11　ニ

内線規程では、電気食器洗い機用コンセントは接地極付コンセントを使用する、また接地端子を備えることが望ましい、としている。

問い12　ロ

1.25mm^{2}のゴムコードの許容電流は12A

なので、この中では、10A（＝1 000/100）流れる、オーブントースターが最も大きな消費電力のものになる。

問い13　イ

ノックアウトパンチャは油圧式で、金属製キャビネットや金属製の分電盤などの口径の大きい配管用の穴を開けるのに使われる。

問い14　ハ

低圧三相かご形誘導電動機は、周波数が減少すると回転速度も減少する。

問い15　ロ

パワーコンディショナは、発電した直流の電気を、商用電力の交流に変換する。

問い16　ニ

「エコケーブル」とも呼ばれている。

問い17　ニ

写真は、タイムスイッチである。

問い18　ハ

照度計は、照度を測定する測定器で、照明設置後に部屋の照度を測定するのに使われる。

問い19　ハ

2.0mm 2本の接続は、小スリーブを使用して圧着マークを小にしなければならない。

問い20　イ

ダクトの長さが短い場合もD種接地工事が必要になる。

問い21　ハ

200V、2kW以上のルームエアコンの屋内配線は、当該ルームエアコンのみに電気を供給するものでなければならない。

問い22　イ

負荷側に電動機と並列に接続する。

問い23 ニ

ターミナルキャップを垂直配管の末端には、雨水が浸入する恐れがあるので使用できない。

問い24 ニ

負荷の抵抗値に差があり、中性線が断線して電圧の不平衡が起き、機器Aにかかる電圧が上昇したと考えられる。

問い25 ロ

三相3線式200Vの低圧屋内配線は、対地電圧150Vを超え300V以下なので、絶縁抵抗値は0.2MΩ以上でなければならない。

問い26 イ

300V以下の電路で地絡が生じた場合、0.1秒で自動的に遮断する装置が施しているので、接地抵抗値は500Ω以下になる。

また、対地電圧300V以下150Vを超えるので、絶縁抵抗値は0.2MΩ以上になる。

問い27 ハ

アナログ計器とディジタル計器の被測定回路に対する影響には大きな差異はない。

問い28 ニ

電線管とボックスを接続する作業は、電気工事士でなければ行うことができない。

問い29 ロ

100V以上300V以下、定格電流100A以下の漏電遮断器と22mm²以下のビニル絶縁ビニルシースケーブルは特定電気用品になる。

問い30 イ

低圧区分は、交流600V以下、直流750V以下になる。

問題2. 配線図

問い31 ハ

(Wh) の図記号は、電力量計を表す。

問い32 ニ

小勢力回路の電圧の最大値は60V。

問い33 ロ

●ₗは確認表示灯を内蔵する点滅器を表す。

問い34 ニ

コンセントの図記号にEETELと傍記表示されたものは、接地極付接地端子付漏電遮断器付コンセントを表す。

問い35 ハ

ペンダントの図記号は、⊖になる。

問い36 ニ

ルームエアコンの屋内ユニットに傍記表示されるのは、屋内を示すIndoorのIになる。

問い37 イ

250VとEと傍記表示されたコンセントの図記号は、15A 250V接地極付（一口）コンセントを表し、極配置は 🔲 になる。

問い38 ロ

200V回路の電線2本と接地線1本、合計で3本になる。

問い39 イ

⑨で示す部分は300V以下で対地電圧150V以下なので、絶縁抵抗として許容される最小値は0.1MΩになる。

問い40 ハ

(DL) の図記号は、埋込器具を表す。

問い41 イ

問い42解説参照。

問い42 ロ

⑪で示すボックス内の接続と⑫の電線の心線数は、**第1図**のようになる。

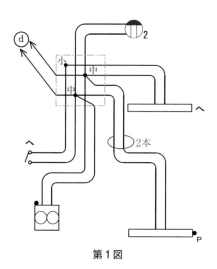

第1図

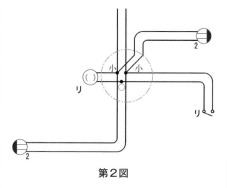

第2図

問い43 ニ

［図記号］ の図記号は、プルスイッチ付の蛍光灯を表す。

問い44 ハ

BE の図記号は、過負荷保護付漏電遮断器を表す。

問い45 ニ

幹線の負荷電流を測定できるのは、ニのクランプ形電流計である。

問い46 ロ

［図記号］ の図記号は、調光器を表す。

問い47 イ

⑰のボックス内の接続（リングスリーブ刻印）は、**第2図**のようになる。

問い48 イ

［図記号］の図記号は、VVF用ジョイントボックスを表す。

問い49 ニ

⑲のボックス内の接続は、**第3図**のようになる。

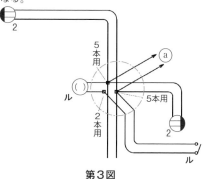

第3図

問い50 ハ

ハの写真は4路スイッチで、この配線図では使われていない。

問題1. 一般問題 （問題数30、配点は1問当たり2点）

【注】 本問題の計算で$\sqrt{2}$、$\sqrt{3}$及び円周率πを使用する場合の数値は次によること。$\sqrt{2} = 1.41$、$\sqrt{3} = 1.73$、$\pi = 3.14$

　次の各問いには4通りの答え（イ、ロ、ハ、ニ）が書いてある。それぞれの問いに対して答えを1つ選びなさい。

　なお、選択肢が数値の場合は最も近い値を選びなさい。

問い1 図のような回路で、スイッチSを閉じたとき、a－b端子間の電圧［V］は。

　イ. 30　　ロ. 40
　ハ. 50　　ニ. 60

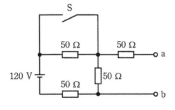

問い2 電気抵抗R［Ω］、直径D［mm］、長さL［m］の導線の抵抗率［Ω・m］を表す式は。

　イ. $\dfrac{\pi DR}{4L \times 10^3}$　　ロ. $\dfrac{\pi D^2 R}{L^2 \times 10^6}$　　ハ. $\dfrac{\pi D^2 R}{4L \times 10^6}$　　ニ. $\dfrac{\pi DR}{4L^2 \times 10^3}$

問い3 抵抗器に100Vの電圧を印加したとき、5Aの電流が流れた。1時間30分の間に抵抗器で発生する熱量［kJ］は。

　イ. 750　　ロ. 1 800　　ハ. 2 700　　ニ. 5 400

問い4 図のような交流回路で、電源電圧204V、抵抗の両端の電圧が180V、リアクタンスの両端の電圧が96Vであるとき、負荷の力率［%］は。

　イ. 35　　ロ. 47
　ハ. 65　　ニ. 88

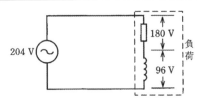

問い5 図のような三相3線式200V回路で、c－o間の抵抗が断線した。断線前と断線後のa－o間の電圧 V の値 [V] の組合せとして、正しいものは。

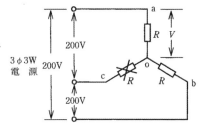

イ．断線前116　ロ．断線前116
　　断線後116　　　断線後100

ハ．断線前100　ニ．断線前100
　　断線後116　　　断線後100

問い6 図のような単相3線式回路で、消費電力100W、500Wの2つの負荷はともに抵抗負荷である。図中の ✕ 印点で断線した場合、a－b間の電圧 [V] は。
ただし、断線によって負荷の抵抗値は変化しないものとする。

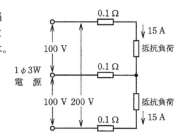

イ．33　　　ロ．100
ハ．167　　ニ．200

問い7 図のような単相3線式回路において、電線1線当たりの抵抗が0.1Ω、抵抗負荷に流れる電流がともに15Aのとき、この電線路の電力損失 [W] は。

イ．45　　ロ．60　　ハ．90　　ニ．135

問い8 金属管による低圧屋内配線工事で、管内に断面積5.5mm² の600Vビニル絶縁電線（軟銅線）4本を収めて施設した場合、電線1本当たりの許容電流 [A] は。
ただし、周囲温度は30℃以下、電流減少係数は0.63とする。

イ．19　　ロ．24　　ハ．31　　ニ．49

問い9 図のように、定格電流100Aの過電流遮断器で保護された低圧屋内幹線から分岐して、6mの位置に過電流遮断器を施設するとき、a－b間の電線の許容電流の最小値 [A] は。

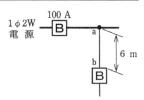

イ．25　　ロ．35　　ハ．45　　ニ．55

問い10 低圧屋内配線の分岐回路の設計で、配線用遮断器、分岐回路の電線の太さ及びコンセントの組合せとして、適切なものは。

ただし、分岐点から配線用遮断器までは3m、配線用遮断器からコンセントまでは8mとし、電線の数値は分岐回路の電線（軟銅線）の太さを示す。

また、コンセントは兼用コンセントではないものとする。

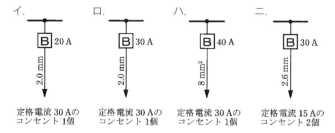

イ.	ロ.	ハ.	ニ.
B 20 A	B 30 A	B 40 A	B 30 A
2.0 mm	2.0 mm	8 mm²	2.6 mm
定格電流30 Aのコンセント1個	定格電流30 Aのコンセント1個	定格電流30 Aのコンセント1個	定格電流15 Aのコンセント2個

問い11 金属管工事において、使用されるリングレジューサの使用目的は。

イ．アウトレットボックスのノックアウト（打ち抜き穴）の径が、それに接続する金属管の外径より大きいときに使用する。

ロ．金属管相互を直角に接続するときに使用する。

ハ．金属管の管端に取り付け、引き出す電線の被覆を保護するときに使用する。

ニ．両方とも回すことのできない金属管相互を接続するときに使用する。

問い12 低圧の地中配線を直接埋設式により、施設する場合に使用できるものは。

イ．屋外用ビニル絶縁電線（OW）

ロ．600V架橋ポリエチレン絶縁ビニルシースケーブル（CV）

ハ．引込用ビニル絶縁電線（DV）

ニ．600Vビニル絶縁電線（IV）

問い13 金属管（鋼製電線管）工事で切断及び曲げ作業に使用する工具の組合せとして、適切なものは。

イ．やすり　パイプレンチ　トーチランプ

ロ．リーマ　金切りのこ　パイプベンダ

ハ．やすり　金切りのこ　トーチランプ

ニ．リーマ　パイプレンチ　パイプベンダ

問い14 三相誘導電動機が周波数60Hzの電源で無負荷運転されている。この電動機を周波数50Hzの電源で無負荷運転した場合の回転の状態は。

イ．回転速度は変化しない。

ロ．回転しない。

ハ．回転速度が減少する。

ニ．回転速度が増加する。

問い15 漏電遮断器に内蔵されている零相変流器の役割は。

 イ．不足電圧の検出 ロ．短絡電流の検出

 ハ．過電圧の検出   ニ．地絡電流の検出

問い16 写真に示す材料の用途は。

 イ．住宅でスイッチやコンセントを取り付けるのに
  用いる。

 ロ．多数の金属管が集合する箇所に用いる。

 ハ．フロアダクトが交差する箇所に用いる。

 ニ．多数の遮断器を集合して設置するために用いる。

（合成樹脂製）

問い17 写真に示す器具の○で囲まれた部分の名称は。

 イ．熱動継電器 ロ．漏電遮断器

 ハ．電磁接触器 ニ．漏電警報器

問い18 写真に示す工具の用途は。

 イ．電線の支線として用いる。

 ロ．太い電線を曲げてくせをつけるのに用いる。

 ハ．施工時の電線管の回転等すべり止めに用いる。

 ニ．架空線のたるみを調整するのに用いる。

問い19 単相100Vの屋内配線工事における絶縁電線相互の接続で、不適切なものは。

 イ．絶縁電線の絶縁物と同等以上の絶縁効力のあるもので十分被覆した。

 ロ．電線の引張強さが15%減少した。

 ハ．電線相互を指で強くねじり、その部分を絶縁テープで十分被覆した。

 ニ．接続部の電気抵抗が増加しないように接続した。

問い20 使用電圧100Vの屋内配線の施設場所における工事の種類で、不適切なものは。

 イ．点検できない隠ぺい場所であって、乾燥した場所のライティングダクト工事

 ロ．点検できない隠ぺい場所であって、湿気の多い場所の防湿装置を施した合成樹脂管
  工事（CD管を除く）

 ハ．展開した場所であって、湿気の多い場所のケーブル工事

 ニ．展開した場所であって、湿気の多い場所の防湿装置を施した金属管工事

問い21 単相3線式100/200Vの屋内配線工事で、漏電遮断器を省略できないものは。

イ．乾燥した場所の天井に取り付ける照明器具に電気を供給する電路

ロ．小勢力回路の電路

ハ．簡易接触防護措置を施してない場所に施設するライティングダクトの電路

ニ．乾燥した場所に施設した、金属製外箱を有する使用電圧200Vの電動機に電気を供給する電路

問い22 機械器具の金属製外箱に施すD種接地工事に関する記述で、不適切なものは。

イ．三相200V電動機外箱の接地線に直径1.6mmのIV電線を使用した。

ロ．単相100V移動式の電気ドリル（一重絶縁）の接地線として、多心コードの断面積0.75mm^{2}の1心を使用した。

ハ．単相100Vの電動機を水気のある場所に設置し、定格感度電流15mA、動作時間0.1秒の電流動作型漏電遮断器を取り付けたので、接地工事を省略した。

ニ．一次側200V、二次側100V、3kV・Aの絶縁変圧器（二次側非接地）の二次側電路に電動丸のこぎりを接続し、接地を施さないで使用した。

問い23 低圧屋内配線工事で、600Vビニル絶縁電線を金属管に収めて使用する場合、その電線の許容電流を求めるための電流減少係数に関して、同一管内の電線数と電線の電流減少係数との組合せで、誤っているものは。

ただし、周囲温度は30℃以下とする。

イ．2本　0.80　　ロ．4本　0.63　　ハ．5本　0.56　　ニ．6本　0.56

問い24 絶縁被覆の色が赤色、白色、黒色の3種類の電線を使用した単相3線式100/200V屋内配線で、電線相互間及び電線と大地間の電圧を測定した。その結果として、電圧の組合せで、適切なものは。ただし、中性線は白色とする。

イ．	赤色線と大地間	200V	ロ．	赤色線と黒色線間	100V
	白色線と大地間	100V		赤色線と大地間	0V
	黒色線と大地間	0V		黒色線と大地間	200V
ハ．	赤色線と白色線間	200V	ニ．	赤色線と黒色線間	200V
	赤色線と大地間	0V		白色線と大地間	0V
	黒色線と大地間	100V		黒色線と大地間	100V

問い25 分岐開閉器を開放して負荷を電源から完全に分離し、その負荷側の低圧屋内電路と大地間の絶縁抵抗を一括測定する方法として、適切なものは。

イ．負荷側の点滅器をすべて「切」にして、常時配線に接続されている負荷は、使用状態にしたままで測定する。

ロ．負荷側の点滅器をすべて「切」にして、常時配線に接続されている負荷は、すべて取り外して測定する。

ハ．負荷側の点滅器をすべて「入」にして、常時配線に接続されている負荷は、使用状態にしたままで測定する。

ニ．負荷側の点滅器をすべて「入」にして、常時配線に接続されている負荷は、すべて取り外して測定する。

問い26 次の空欄（A）、（B）及び（C）に当てはまる組合せとして、正しいものは。

使用電圧が300Vを超える低圧の電路の電線相互間及び電路と大地との間の絶縁抵抗は区切ることのできる電路ごとに ┌(A)┐ [MΩ] 以上でなければならない。また、当該電路に施設する機械器具の金属製の台及び外箱には ┌(B)┐ 接地工事を施し、接地抵抗値は ┌(C)┐ [Ω] 以下に施設することが必要である。

ただし、当該電路に施設された地絡遮断装置の動作時間は0.5秒を超えるものとする。

イ．（A）0.4 （B）C種 （C）10 　　ロ．（A）0.4 （B）C種 （C）500

ハ．（A）0.2 （B）D種 （C）100 　　ニ．（A）0.4 （B）D種 （C）500

問い27 導通試験の目的として、誤っているものは。

イ．電路の充電の有無を確認する。 　　ロ．器具への結線の未接続を発見する。

ハ．電線の断線を発見する。 　　ニ．回路の接続の正誤を判別する。

問い28 電気工事士の義務又は制限に関する記述として、誤っているものは。

イ．電気工事士は、都道府県知事から電気工事の業務に関して報告するよう求められた場合には、報告しなければならない。

ロ．電気工事士は、電気工事士法で定められた電気工事の作業に従事するときは、電気工事士免状を携帯しなければならない。

ハ．電気工事士は、電気工事士法で定められた電気工事の作業に従事するときは、「電気設備に関する技術基準を定める省令」に適合するよう作業を行わなければならない。

ニ．電気工事士は、住所を変更したときは、免状を交付した都道府県知事に申請して免状の書換えをしてもらわなければならない。

問い29 電気用品安全法における電気用品に関する記述として、誤っているものは。

イ．電気用品の製造又は輸入の事業を行う者は、電気用品安全法に規定する義務を履行したときに、経済産業省令で定める方式による表示を付すことができる。

ロ．特定電気用品は構造又は使用方法その他の使用状況からみて特に危険又は障害の発生するおそれが多い電気用品であって、政令で定めるものである。

ハ．特定電気用品には ㉝ 又は（PS）Eの表示が付されている。

ニ．電気工事士は、電気用品安全法に規定する表示の付されていない電気用品を電気工作物の設置又は変更の工事に使用してはならない。

問い30 一般用電気工作物等に関する記述として、正しいものは。

ただし、発電設備は電圧600V以下とする。

イ．低圧で受電するものは、出力55kWの太陽電池発電設備を同一構内に施設しても、一般用電気工作物等となる。

ロ．低圧で受電するものは、小出力発電設備を同一構内に施設しても、一般用電気工作物等となる。

ハ．高圧で受電するものであっても、需要場所の業種によっては、一般用電気工作物になる場合がある。

ニ．高圧で受電するものは、受電電力の容量、需要場所の業種にかかわらず、すべて一般用電気工作物となる。

問題 2. 配線図 （問題数 20、配点は1問当たり2点） ※図は 336 ページ参照

　図は、鉄骨軽量コンクリート造一部2階建工場及び倉庫の配線図である。この図に関する次の各問いには4通りの答え（イ、ロ、ハ、ニ）が書いてある。それぞれの問いに対して、答えを1つ選びなさい。

【注意】 1. 屋内配線の工事は、特記のある場合を除き電灯回路は 600V ビニル絶縁ビニルシースケーブル平形（VVF）、動力回路は 600V 架橋ポリエチレン絶縁ビニルシースケーブル（CV）を用いたケーブル工事である。

　　　　 2. 屋内配線等の電線の本数、電線の太さ、その他、問いに直接関係のない部分等は省略又は簡略化してある。

　　　　 3. 漏電遮断器は、定格感度電流 30mA、動作時間 0.1 秒以内のものを使用している。

　　　　 4. 選択肢（答え）の写真にあるコンセントは、「JIS C 0303：2000 構内電気設備の配線用図記号」で示す「一般形」である。

　　　　 5. ジョイントボックスを経由する電線は、すべて接続箇所を設けている。

　　　　 6. 3路スイッチの記号「0」の端子には、電源側又は負荷側の電線を結線する。

問い31 ①で示す部分の最少電線本数（心線数）は。

　　　イ. 3　　　　ロ. 4　　　　ハ. 5　　　　ニ. 6

問い32 ②で示す引込口開閉器が省略できる場合の、工場と倉庫との間の電路の長さの最大値[m] は。

　　　イ. 5　　　　ロ. 10　　　　ハ. 15　　　　ニ. 20

問い33 ③で示す図記号の名称は。

　　　イ. 圧力スイッチ　　　　　　　　ロ. 押しボタン

　　　ハ. 電磁開閉器用押しボタン　　　ニ. 握り押しボタン

問い34 ④で示す部分に使用できるものは。

　　　イ. 引込用ビニル絶縁電線　　　ロ. 架橋ポリエチレン絶縁ビニルシースケーブル

　　　ハ. ゴム絶縁丸打コード　　　　ニ. 屋外用ビニル絶縁電線

問い35 ⑤で示す屋外灯の種類は。

　　　イ. 水銀灯　　　ロ. メタルハライド灯　　　ハ. ナトリウム灯　　　ニ. 蛍光灯

問い36 ⑥で示す部分に施設してはならない過電流遮断装置は。

　　　イ. 2極にヒューズを取り付けたカバー付ナイフスイッチ

　　　ロ. 2極2素子の配線用遮断器

　　　ハ. 2極にヒューズを取り付けたカットアウトスイッチ

　　　ニ. 2極1素子の配線用遮断器

問い37 ⑦で示す図記号の計器の使用目的は。

イ．電力を測定する。　　　　ロ．力率を測定する。
ハ．負荷率を測定する。　　　ニ．電力量を測定する。

問い38 ⑧で示す部分の接地工事の電線（軟銅線）の最小太さと、接地抵抗の最大値との組合せで、正しいものは。

イ．1.6mm　100Ω　　ロ．1.6mm　500Ω
ハ．2.0mm　100Ω　　ニ．2.0mm　600Ω

問い39 ⑨で示す部分に使用するコンセントの極配置（刃受）は。

イ. 　　ロ. 　　ハ. 　　ニ.

問い40 ⑩で示す部分に取り付けるモータブレーカの図記号は。

イ.　　　　ロ.　　　　ハ.　　　　ニ.

| $\boxed{\text{B}}$ | $\boxed{\text{BE}}$ | $\boxed{\text{S}}$ | $\boxed{\text{S}}$ |

問い41 ⑪で示す部分の接地抵抗を測定するものは。

問い42 ⑫で示すジョイントボックス内の接続をすべて圧着接続とする場合、使用するリングスリーブの種類と最少個数の組合せで、正しいものは。

イ. 小 6個　　ロ. 中 3個　　ハ. 大 3個　　ニ. 小 3個

問い43 ⑬で示すVVF用ジョイントボックス内の接続をすべて差込形コネクタとする場合、使用する差込形コネクタの種類と最少個数の組合せで、正しいものは。ただし、使用する電線はすべてVVF1.6とする。

イ.

3個
1個

ロ.

2個
2個

ハ.

3個
1個

ニ.

2個
1個

問い44 ⑭で示す点滅器の取付け工事に使用されることのない材料は。

イ.

ロ.

ハ.

ニ.

問い45 ⑮で示す図記号のコンセントは。

イ.

ロ.

ハ.

ニ.

問い46 ⑯で示す部分の配線工事に必要なケーブルは。ただし、心線数は最少とする。

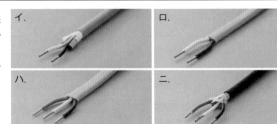
イ. ロ. ハ. ニ.

問い47 ⑰で示す部分に使用するトラフは。

イ.

ロ.

ハ.

ニ.

問い48 ⑱で示す図記号の機器は。

イ.	ロ.	ハ.	ニ.

問い49 ⑲で示す部分を金属管工事で行う場合、管の支持に用いる材料は。

イ.	ロ.	ハ.	ニ.

問い50 ⑳で示すジョイントボックス内の電線相互の接続作業に使用されることのないものは。

イ.	ロ.	ハ.	ニ.

予想問題④

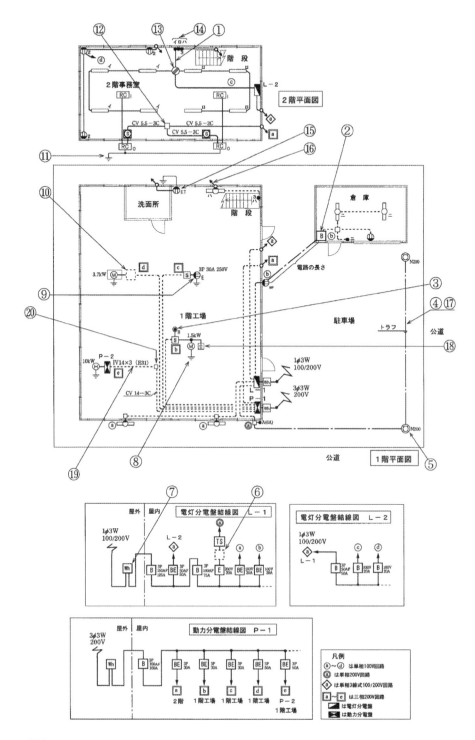

予想問題④ 学科試験

解答・解説

問題1. 一般問題

問い1 ニ

スイッチSを閉じると、左上と右上の2つの抵抗には電流が流れない。残った抵抗を合成すると、

$$50 + 50 = 100 \ [\Omega]$$

回路に流れる電流は、

$$\frac{120}{100} = 1.2 \ [A]$$

50Ωの抵抗にかかる電圧は、

$$50 \times 1.2 = 60 \ [V]$$

問い2 ハ

抵抗率を表す式は、

$$R = \rho \ \frac{4L}{\pi D^2} \times 10^6$$

から、

$$\rho = \frac{\pi D^2 R}{4L10^6}$$

問い3 ハ

発生する熱量Hは、

$$H = 3\,600 \times 100 \times 5 \times 1.5 \times 10^{-3}$$
$$= 2\,700 \ [kJ]$$

問い4 ニ

有効電力/皮相電力による力率は、

$$\frac{180I}{204I} \times 100 \fallingdotseq 88 \ [\%]$$

問い5 ロ

断線前は、

$$200/1.73 \fallingdotseq 116 \ [V]$$

断線後は、

$$200/2 = 100 \ [V]$$

問い6 ハ

断線後の回路の電流Iは、

$$I = \frac{200}{100 + 20} = \frac{200}{120} = \frac{5}{3} \ [A]$$

a−b間の電圧は、

$$V = \frac{5}{3} \times 100 \fallingdotseq 167 \ [\Omega]$$

問い7 イ

中性線は電流が流れず電力損失がない。

$$2 \times 15^2 \times 0.1 = 45 \ [W]$$

問い8 ハ

断面積5.5mm^{2}の許容電流は49Aで、これに電流減少係数を掛けると、

$$49 \times 0.63 = 30.87 \ [A]$$

小数点以下を7捨8入すると31Aとなる。

問い9 ロ

分岐点から過電流遮断器までの長さが3mを超え8m以下なので、許容電流は幹線の過電流遮断器の定格電流の35%以上となる。

$$100 \times 0.35 = 35 \ [A]$$

問い10 ハ

40Aの配線用遮断器では、分岐回路の電線の太さを8mm^2、コンセントは30A以上40A以下を使うので、ハが正しい。

問い11 イ

リングレジューサは、アウトレットボックスの大きいサイズのノックアウトの穴をそれより細い管で使う場合に使用する。

問い12 ロ

直接埋設式の地中電線路の施設では、使用電線はケーブルでなければならない。

問い13 ロ

金属管の切断作業には、金切りのこ、やすり、リーマ、曲げ作業にはパイプベンダを使う。

問い14 ハ

周波数が下がると回転速度も減少する。

問い15 ニ

漏電遮断器に内蔵されている零相変流器は、地絡電流の検出を行う。

問い16 イ

写真は、住宅用スイッチボックスである。

問い17 ハ

この写真の器具は、全体で「電磁開閉器」で、○で囲まれた部分は「電磁接触器」である。

問い18 ニ

写真は、張線器である。

問い19 ハ

電線相互を強くねじったあと、ろう付けしなければならない。

問い20 イ

ライティングダクト工事は、点検できない隠ぺい場所では施設できない。

問い21 ハ

ライティングダクトは簡易接触防護措置を施す場合を除き、地絡が生じたときに自動的に電路を遮断する装置を施設しなければならない。

問い22 ハ

水気のある場所では、D種接地工事の省略はできない。

問い23 イ

電線数3本以下の電流減少係数は0.70。

問い24 ニ

単相3線式100/200V回路の電圧は、赤色線と黒色線間が200V、白色線と大地間が0V、黒色線と大地間が100Vになる。

問い25 ハ

電路と大地間の絶縁抵抗を一括測定する方法では、負荷側の点滅器をすべて「入」にし、常時配線に接続されている負荷は使用状態で測定する。

問い26 イ

300Vを超える低圧の電路では、0.4MΩ以上の電線相互間、電路と大地との間の絶縁抵抗がなければならない。

また、C種接地工事になり、地絡遮断装置の動作時間が0.5秒を超える場合、接地抵抗の値は10Ω以下にしなければならない。

問い27 イ

導通試験は、回路の接続の正誤、電線の断線の有無、器具への結線の未接続の発見、などを目的とするもので、充電の有無を調べることを目的としない。

問い28 ニ

電気工事士法では、電気工事士は住所の変更について免状の書換えの義務はない。

問い29 ハ

特定電気用品には、⬦PS⬦または＜PS＞Eの表示が付される。

問い30 ロ

低圧受電で、同一構内に小出力発電設備（太陽電池発電設備は50kW未満）を施設した場合、一般用電気工作物等の適用を受ける。

問題2. 配線図

問い31 ロ

問い43解説参照。

問い32 ハ

引込口にある開閉器を省略できる長さの最大値は15mである。

問い33 ハ

●Bの図記号は、電磁開閉器用押しボタンを表す。

問い34 ロ

直接埋設式地中電線路に使用する電線はケーブルでなければならない。

問い35 ハ

◎N200 の図記号は、ナトリウム灯を表す。

問い36 ニ

200Vの回路に2極1素子の配線用遮断器は使用できない。

問い37 ニ

Wh の図記号は電力量計で、電力量を測定する。

問い38 ロ

三相3線式200Vの屋内配線は、300V以下なので、D種接地工事となる。電線（軟銅線）の最小太さは1.6mm、0.5秒以内に自動的に電路を遮断する装置が設置されているので、接地抵抗の最大値は500Ωになる。

問い39 イ

$\overset{3P\ 30A\ 250V}{\underset{E}{\bigoplus}}$ の図記号は、3極30A250Vコンセントで極配置はイになる。

問い40 イ

モータブレーカの図記号は、$\boxed{B}$。

問い41 ニ

接地抵抗の測定には、ニの接地抵抗計を使う。

問い42 ハ

⑫で示すボックス内の接続は、**第1図**のようになる。

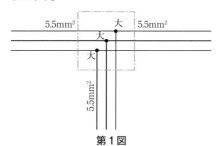

第1図

問い43 イ

①の心線数、⑬のボックス内の接続、⑯の心線数は**第2図**のようになる。なお、【注意】から電灯回路の配線はVVFである。

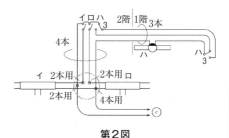

第2図

問い44 ニ

隠ぺい配線なので、ニの露出用スイッチボックスは使わない。

問い45 ハ

🅣ET の図記号はハの接地端子付コンセント（一口）を表す。

問い46 ハ

問い43解説参照。

問い47 ロ

トラフの写真はロである。

問い48 イ

⊞ の図記号は、低圧進相コンデンサで写真はイになる。

問い49 ロ

鉄骨軽量コンクリートの建物で金属管の露出配管の支持には、ロのパイラックとパイラッククリップがよく用いられる。

問い50 イ

14mm²の電線の接続に、リングスリーブ用圧着工具は使用しない。

予想問題⑤　学科試験 〔試験時間　2時間〕

問題1．一般問題（問題数 30、配点は1問当たり2点）

【注】本問題の計算で$\sqrt{2}$、$\sqrt{3}$及び円周率πを使用する場合の数値は次によること。$\sqrt{2} = 1.41$、$\sqrt{3} = 1.73$、$\pi = 3.14$

　次の各問いには4通りの答え（イ、ロ、ハ、ニ）が書いてある。それぞれの問いに対して答えを1つ選びなさい。

　なお、選択肢が数値の場合は最も近い値を選びなさい。

問い1 図のような回路で、端子a－b間の合成抵抗［Ω］は。

　イ．1　　　ロ．2
　ハ．3　　　ニ．4

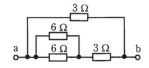

問い2 ビニル絶縁電線（単線）の抵抗又は許容電流に関する記述として、誤っているものは。

　イ．許容電流は、周囲の温度が上昇すると、大きくなる。
　ロ．許容電流は、導体の直径が大きくなると、大きくなる。
　ハ．電線の抵抗は、導体の長さに比例する。
　ニ．電線の抵抗は、導体の直径の2乗に反比例する。

問い3 電線の接続不良により、接続点の接触抵抗が0.2Ωとなった。この接続点での電圧降下が2Vのとき、接続点から1時間に発生する熱量［kJ］は。
　ただし、接触抵抗及び電圧降下の値は変化しないものとする。

　イ．72　　　ロ．144
　ハ．288　　　ニ．576

問い4 図のような抵抗とリアクタンスとが並列に接続された回路の消費電力［W］は。

　イ．500　　　ロ．625
　ハ．833　　　ニ．1042

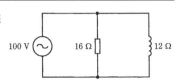

問い5 図のような三相３線式回路の全消費電力
[kW] は。

イ．2.4 　　ロ．4.8
ハ．7.2 　　ニ．9.6

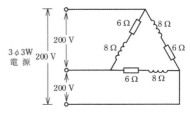

問い6 図のような三相３線式回路において、電線１
線当たりの抵抗がr［Ω］、線電流がI［A］
のとき、この電線路の電力損失［W］を示す
式は。

イ．$\sqrt{3}\,I^2r$ 　　ロ．$3Ir$
ハ．$3I^2r$ 　　ニ．$\sqrt{3}\,Ir$

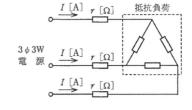

問い7 図のような三相３線式回路で、電線１線当た
りの抵抗が0.15Ω、線電流が10Aのとき、
電圧降下（$V_s - V_r$）［V］は。

イ．1.5 　　ロ．2.6
ハ．3.0 　　ニ．4.5

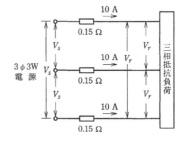

問い8 金属管による低圧屋内配線工事で、管内に直径2.0mmの600Vビニル絶縁電線（軟銅
線）５本を収めて施設した場合、電線１本当たりの許容電流［A］は。
ただし、周囲温度は30℃以下、電流減少係数は0.56とする。

イ．10 　ロ．15 　ハ．19 　ニ．27

問い9 図のように、定格電流100Aの配線用遮断
器で保護された低圧屋内幹線からVVRケー
ブルで低圧屋内電路を分岐する場合、a－b
間の長さLと電線の太さAの組合せとして、
不適切なものは。
ただし、VVRケーブルの太さと許容電流の
関係は、表のとおりとする。

イ．L：1m 　　ロ．L：2m
　　A：2.0mm 　　A：5.5mm²
ハ．L：10m 　　ニ．L：15m
　　A：8mm² 　　A：14mm²

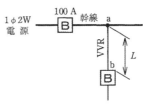

電線の太さ A	許容電流
直径 2.0 mm	24 A
断面積 5.5 mm²	34 A
断面積　8 mm²	42 A
断面積 14 mm²	61 A

問い10 低圧屋内配線の分岐回路の設計で、配線用遮断器、分岐回路の電線の太さ及びコンセントの組合せとして、適切なものは。

ただし、分岐点から配線用遮断器までは3m、配線用遮断器からコンセントまでは8mとし、電線の数値は分岐回路の電線（軟銅線）の太さを示す。

また、コンセントは兼用コンセントではないものとする。

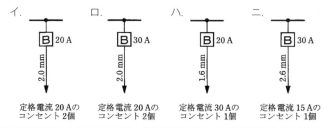

問い11 合成樹脂管工事に使用される2号コネクタの使用目的は。

- イ．硬質ポリ塩化ビニル電線管相互を接続するのに用いる。
- ロ．硬質ポリ塩化ビニル電線管をアウトレットボックス等に接続するのに用いる。
- ハ．硬質ポリ塩化ビニル電線管の管端を保護するのに用いる。
- ニ．硬質ポリ塩化ビニル電線管と合成樹脂製可とう電線管とを接続するのに用いる。

問い12 600Vポリエチレン絶縁耐燃性ポリエチレンシースケーブル平形（EM-EEF）の絶縁物の最高許容温度［℃］は。

イ．60　ロ．75　ハ．90　ニ．120

問い13 金属管（鋼製電線管）の切断及び曲げ作業に使用する工具の組合せとして、適切なものは。

- イ．やすり
  パイプレンチ
  パイプベンダ
- ロ．やすり
  金切りのこ
  パイプベンダ
- ハ．リーマ
  金切りのこ
  トーチランプ
- ニ．リーマ
  パイプレンチ
  トーチランプ

問い14 三相誘導電動機が周波数50Hzの電源で無負荷運転されている。この電動機を周波数60Hzの電源で無負荷運転した場合の回転の状態は。

- イ．回転速度は変化しない。
- ロ．回転しない。
- ハ．回転速度が減少する。
- ニ．回転速度が増加する。

問い15 力率の最も良い電気機械器具は。

- イ．電気トースター
- ロ．電気洗濯機
- ハ．電気冷蔵庫
- ニ．電球形LEDランプ（制御装置内蔵形）

問い16 写真に示す材料の名称は。

イ．銅線用裸圧着スリーブ　　ロ．銅管端子
ハ．銅線用裸圧着端子　　　　ニ．ねじ込み形コネクタ

問い17 写真に示す器具の名称は。

イ．配線用遮断器
ロ．漏電遮断器
ハ．電磁接触器
ニ．漏電警報器

問い18 写真に示す工具の電気工事における用途は。

イ．硬質ポリ塩化ビニル電線管の曲げ加工に用いる。
ロ．金属管（鋼製電線管）の曲げ加工に用いる。
ハ．合成樹脂製可とう電線管の曲げ加工に用いる。
ニ．ライティングダクトの曲げ加工に用いる。

問い19 低圧屋内配線工事で、600Vビニル絶縁電線（軟銅線）をリングスリーブ用圧着工具とリングスリーブE形を用いて終端接続を行った。接続する電線に適合するリングスリーブの種類と圧着マーク（刻印）の組合せで、a～dのうちから不適切なものを全て選んだ組合せとして、正しいものは。

	接続する電線の太さ(直径)及び本数	リングスリーブの種類	圧着マーク(刻印)
a	1.6 mm　2本	小	○
b	1.6 mm　2本と 2.0 mm　1本	中	中
c	1.6 mm　4本	中	中
d	1.6 mm　1本と 2.0 mm　2本	中	中

イ．a、b　　ロ．b、c
ハ．c、d　　ニ．a、d

問い20 使用電圧100Vの屋内配線の施設場所による工事の種類として、適切なものは。

イ．点検できない隠ぺい場所であって、乾燥した場所の金属線ぴ工事
ロ．点検できない隠ぺい場所であって、湿気の多い場所の平形保護層工事
ハ．展開した場所であって、湿気の多い場所のライティングダクト工事
ニ．展開した場所であって、乾燥した場所の金属ダクト工事

問い21 図に示す一般的な低圧屋内配線の工事で、スイッチボックス部分におけるパイロットランプの異時点滅（負荷が点灯していないときパイロットランプが点灯）回路は。

ただし、ⓐは電源からの非接地側電線（黒色）、ⓑは電源からの接地側電線（白色）を示し、負荷には電源からの接地側電線が直接に結線されているものとする。

なお、パイロットランプは100V用を使用する。

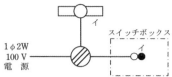

$1\phi 2W$
$100V$
電源

パイロットランプ○ は、異時点滅とする。

イ.

ⓐ 黒

（負荷へ） 白

ロ.

ⓐ 黒

（負荷へ） 白

ハ.

ⓐ 黒

ⓑ 白

（負荷へ） 赤

ニ.

ⓐ 黒

ⓑ 白

（負荷へ） 赤

問い22 特殊場所とその場所に施工する低圧屋内配線工事の組合せで、不適切なものは。

イ． プロパンガスを他の小さな容器に小分けする可燃性ガスのある場所
　　厚鋼電線管で保護した600Vビニル絶縁ビニルシースケーブルを用いたケーブル工事

ロ． 小麦粉をふるい分けする可燃性粉じんのある場所
　　硬質ポリ塩化ビニル電線管VE28を使用した合成樹脂管工事

ハ． 石油を貯蔵する危険物の存在する場所
　　金属線ぴ工事

ニ． 自動車修理工場の吹き付け塗装作業を行う可燃性ガスのある場所
　　厚鋼電線管を使用した金属管工事

問い23 低圧屋内配線の合成樹脂管工事で、合成樹脂管（合成樹脂製可とう電線管及びCD管を除く）を造営材の面に沿って取り付ける場合、管の支持点間の距離の最大値［m］は。

イ． 1　　ロ． 1.5　　ハ． 2　　ニ． 2.5

問い24 回路計（テスタ）に関する記述として、正しいものは。

イ． アナログ式で交流又は直流電圧を測定する場合は、あらかじめ想定される値の直近上位のレンジを選定して使用する。

ロ． 抵抗を測定する場合の回路計の端子における出力電圧は、交流電圧である。

ハ． ディジタル式は電池を内蔵しているが、アナログ式は電池を必要としない。

ニ． 電路と大地間の抵抗測定を行った。その測定値は電路の絶縁抵抗値として使用してよい。

問い25 絶縁抵抗計（電池内蔵）に関する記述として、誤っているものは。

イ．絶縁抵抗計には、ディジタル形と指針形（アナログ形）がある。

ロ．絶縁抵抗測定の前には、絶縁抵抗計の電池容量が正常であることを確認する。

ハ．絶縁抵抗計の定格測定電圧（出力電圧）は、交流電圧である。

ニ．電子機器が接続された回路の絶縁測定を行う場合は、機器等を損傷させない適正な定格測定電圧を選定する。

問い26 工場の200V三相誘導電動機（対地電圧200V）への配線の絶縁抵抗値［MΩ］及びこの電動機の鉄台の接地抵抗値［Ω］を測定した。電気設備技術基準等に適合する測定値の組合せとして、適切なものは。
ただし、200V電路に施設された漏電遮断器の動作時間は0.1秒とする。

イ．0.1MΩ　50Ω　　ロ．1MΩ　600Ω

ハ．0.15MΩ　200Ω　　ニ．0.4MΩ　300Ω

問い27 直読式指示電気計器の目盛板に図のような記号がある。記号の意味及び測定できる回路で、正しいものは。

イ．永久磁石可動コイル形で目盛板を水平に置いて、直流回路で使用する。

ロ．永久磁石可動コイル形で目盛板を水平に置いて、交流回路で使用する。

ハ．可動鉄片形で目盛板を鉛直に立てて、直流回路で使用する。

ニ．可動鉄片形で目盛板を水平に置いて、交流回路で使用する。

問い28 電気の保安に関する法令についての記述として、誤っているものは。

イ．「電気工事士法」は、電気工事の作業に従事する者の資格及び義務を定め、もって電気工事の欠陥による災害の発生の防止に寄与することを目的とする。

ロ．「電気設備に関する技術基準を定める省令」は、「電気工事士法」の規定に基づき定められた経済産業省令である。

ハ．「電気用品安全法」は、電気用品の製造、販売等を規制するとともに、電気用品の安全性の確保につき民間事業者の自主的な活動を促進することにより、電気用品による危険及び障害の発生を防止することを目的とする。

ニ．「電気用品安全法」において、電気工事士は電気工作物の設置又は変更の工事に適正な表示が付されている電気用品の使用を義務づけられている。

問い29 電気用品安全法において、特定電気用品の適用を受けるものは。

イ．消費電力40Wの蛍光ランプ　　ロ．外径19mmの金属製電線管

ハ．消費電力30Wの換気扇　　ニ．定格電流20Aの配線用遮断器

問い30 一般用電気工作物等の適用を受けるものは。
ただし、発電設備は電圧600V以下で、同一構内に設置するものとする。

イ．低圧受電で、受電電力の容量が40kW、出力15kWの非常用内燃力発電設備を備えた映画館

ロ. 高圧受電で、受電電力の容量が55kWの機械工場

ハ. 低圧受電で、受電電力の容量が40kW、出力15kWの太陽電池発電設備を備えた幼稚園

ニ. 高圧受電で、受電電力の容量が55kWのコンビニエンスストア

問題 2. 配線図 （問題数 20、配点は1問当たり2点） ※図は 349、350 ページ参照

　図は、鉄骨軽量コンクリート造店舗平屋建の配線図である。この図に関する次の各問いには4通りの答え（イ、ロ、ハ、ニ）が書いてある。それぞれの問いに対して、答えを1つ選びなさい。

【注意】 1. 屋内配線の工事は、特記のある場合を除き 600V ビニル絶縁ビニルシースケーブル平形（VVF）を用いたケーブル工事である。

2. 屋内配線等の電線の本数、電線の太さ、その他、問いに直接関係のない部分等は省略又は簡略化してある。

3. 漏電遮断器は、定格感度電流 30mA、動作時間 0.1 秒以内のものを使用している。

4. 選択肢（答え）の写真にあるコンセント及び点滅器は、「JIS C 0303：2000 構内電気設備の配線用図記号」で示す「一般形」である。

5. 電灯分電盤及び動力分電盤の外箱は金属製である。

6. ジョイントボックスを経由する電線は、すべて接続箇所を設けている。

7. 3路スイッチの記号「0」の端子には、電源側又は負荷側の電線を結線する。

問い31 ①で示す部分は自動点滅器の傍記表示である。正しいものは。

　イ. O　　　ロ. P　　　ハ. W　　　ニ. A

問い32 ②で示す図記号の名称は。

　イ. リモコンセレクタスイッチ　　　ロ. 漏電警報器
　ハ. リモコントランス　　　　　　　ニ. 表示スイッチ

問い33 ③で示す図記号の器具の取り付け場所は。

　イ. 床面　　ロ. 天井面　　ハ. 壁面　　ニ. 二重床面

問い34 ④で示す部分に使用するコンセントの極配置（刃受）は。

　イ.　　　　　　　ロ.　　　　　　　ハ.　　　　　　　ニ.

問い35 ⑤で示す部分の配線で（VE28）とあるのは。

　イ. 外径28mmの硬質ポリ塩化ビニル電線管である。
　ロ. 外径28mmの合成樹脂製可とう電線管である。
　ハ. 内径28mmの硬質ポリ塩化ビニル電線管である。
　ニ. 内径28mmの合成樹脂製可とう電線管である。

問い36 ⑥で示す部分の接地工事の種類及びその接地抵抗の許容される最大値［Ω］の組合せとして、正しいものは。
なお、引込線の電源側には地絡遮断装置は設置されていない。

イ．C種接地工事　10Ω　　　ロ．C種接地工事　50Ω
ハ．D種接地工事　100Ω　　ニ．D種接地工事　500Ω

問い37 ⑦で示す箇所に設置する機器の図記号は。

イ.　　　　　　　ロ.　　　　　　　ハ.　　　　　　　ニ.

問い38 ⑧で示す部分の電路と大地間の絶縁抵抗として、許容される最小値［MΩ］は。

イ．0.1　　ロ．0.2　　ハ．0.4　　ニ．1.0

問い39 ⑨で示す図記号の器具を用いる目的は。

イ．過電流を遮断する。　　　　　　ロ．地絡電流を遮断する。
ハ．過電流と地絡電流を遮断する。　ニ．不平衡電流を遮断する。

問い40 ⑩の部分の最少電線本数（心線数）は。

イ．2　　ロ．3　　ハ．4　　ニ．5

問い41 ⑪で示す部分の接続工事をリングスリーブで圧着接続する場合のリングスリーブの種類、個数及び刻印の組合せで、正しいものは。
ただし、写真に示すリングスリーブ中央の〇、小、中は刻印を表す。

問い42 ⑫で示す電線管相互を接続するために使用されるものは。

問い43 ⑬で示す部分の配線工事で一般的に使用されることのない工具は。

イ. 　ロ. 　ハ. 　ニ.

問い44 ⑭で示す回路の漏れ電流を測定できるものは。

イ. 　ロ. 　ハ. 　ニ.

問い45 ⑮で示す図記号の部分に使用される機器は。

イ. 　ロ. 　ハ. 　ニ.

問い46 ⑯の部分で写真に示す圧着端子と接地線を圧着接続するための工具は。

イ. 　ロ. 　ハ. 　ニ.

問い47 ⑰で示す図記号の器具は。
ただし、写真下の図は、接点の構成を示す。

イ. 　ロ. 　ハ. 　ニ.

問い48 ⑱で示すVVF用ジョイントボックス内の接続をすべて圧着接続とする場合、使用するリングスリーブの種類と最少個数の組合せで、正しいものは。
ただし、接地配線も含まれるものとする。

イ.

大 3個

ロ.

中 3個

ハ.

小 3個

ニ.

大 2個
中 1個

問い49 ⑲で示すVVF用ジョイントボックス内の接続をすべて差込形コネクタとする場合、使用する差込形コネクタの種類と最少個数の組合せで、正しいものは。
ただし、使用する電線はすべてVVF1.6とする。

イ.

4個

ロ.
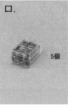
5個

ハ.
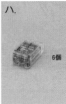
6個

ニ.

3個
1個

問い50 この配線図で、使用されていないコンセントは。

イ.

ロ.

ハ.

ニ.

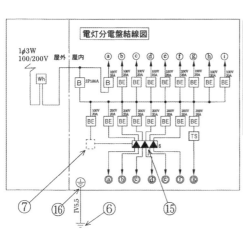

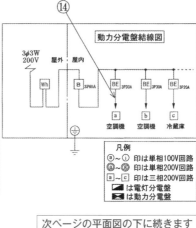

次ページの平面図の下に続きます

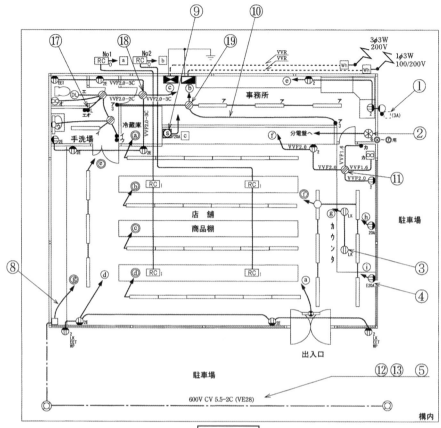

平　面　図

解答・解説

問題1．一般問題

問い1　ロ

左下2つの抵抗の合成は、

$$\frac{6 \times 6}{6+6} = \frac{36}{12} = 3\,[\Omega]$$

もとめた合成抵抗と右下の抵抗の合成は、

$$3+3 = 6\,[\Omega]$$

この合成抵抗と上に並列にある3Ωの抵抗を合成すると、

$$\frac{3 \times 6}{3+6} = \frac{18}{9} = 2\,[\Omega]$$

問い2　イ

許容電流は周囲の温度が上昇すると小さくなる。

問い3　イ

発熱量Hは、

$$H = 3\,600 \times (2^2/0.2) \times 1 \times 10^{-3}$$
$$= 72\,[kJ]$$

350

問い4 ロ

この回路の消費電力Pは、
$P = 100^2/16 = 625$［W］

問い5 ハ

抵抗と誘導性リアクタンスの合成インピーダンスは、
$\sqrt{8^2 + 6^2} = 10$［Ω］
相電流は、
$\dfrac{200}{10} = 20$［A］
全消費電力は、
$3 \times 20^2 \times 6 \times 10^{-3} = 7.2$［kW］

問い6 ハ

三相3線式回路の全体の電力損失は、電線1線当たりの電力損失I^2rの3倍になる。

問い7 ロ

電圧降下$(V_s - V_r)$は、
$\sqrt{3} \times 10 \times 0.15 \fallingdotseq 2.6$［V］

問い8 ハ

2.0mmの許容電流は35Aで、これに電流減少係数を掛けると、
$35 \times 0.56 = 19.6$［A］
小数点以下を7捨8入すると19Aとなる。

問い9 ハ

幹線の過電流遮断器の定格電流に対する許容電流は、分岐点から過電流遮断器までの長さが3m以下は制限なし、3mを超え8m以下は35％以上、8mを超えると55％以上となるので、不適切なものはハになる。

問い10 イ

20Aの配線用遮断器には、20A以下のコンセント、1.6mm以上の電線にする必要がある。

問い11 ロ

2号コネクタは硬質ポリ塩化ビニル電線管をボックス類に接続するのに用いる。

問い12 ロ

600Vポリエチレン絶縁耐燃性ポリエチレンシースケーブル平形（EM-EEF）の絶縁物の最高許容温度は75℃である。

問い13 ロ

金属管の切断作業には、金切りのこ、やすり、リーマ、曲げ作業にはパイプベンダを使う。

問い14 ニ

周波数が上がると回転速度が増加する。

問い15 イ

電気トースターの力率は100％で最も良い。

問い16 ハ

写真は、銅線用裸圧着端子である。

問い17 ロ

写真に示す器具は漏電遮断器である。

問い18 イ

写真に示す器具はカセット型トーチランプで、硬質ポリ塩化ビニル電線管の曲げ加工に用いる。

問い19 ロ

表で不適切な組合せはbとcである。両方、小スリーブで小の圧着マークでなければならない。

問い20 ニ

それぞれの施設場所に対して金属ダクト工事以外、すべて不適切な工事の種類となる。

問い21 ロ

異時点滅の回路はロになる。

問い22 ハ

石油を貯蔵する危険物の存在する場所では、金属線ぴ工事を行うことはできない。

問い23 ロ

合成樹脂管の支持点間の最大距離は1.5mである。

問い24 イ

ディジタル式、アナログ式両方とも電池が必要。また、抵抗を測定する場合の回路計の出力電圧は、直流電圧となる。なお抵抗測定では、絶縁抵抗は測定できない。アナログ式では電圧測定時には、あらかじめ想定される値の直近上位のレンジを選定する必要がある。

問い25 ハ

絶縁抵抗計（電池内蔵）の定格測定電圧は直流である。

問い26 ニ

対地電圧150V以上300V以下なので、絶縁抵抗値は0.2MΩ以上。0.5秒以内に自動的に回路を遮断する装置が設けられているので、接地抵抗値は500Ω以下となる。

問い27 イ

$\bigcap$ の記号は永久磁石可動コイル形で、使用回路は直流。また、$\square$ の記号は目盛板を水平に置いて使用することを示す。

問い28 ロ

「電気設備に関する技術基準を定める省令」は、「電気事業法」の規定に基づき定められた経済産業省令。

問い29 ニ

100A以下の開閉器（配線用遮断器など）は、特定電気用品の適用を受ける。

問い30 ハ

低圧受電で、同一構内に小出力発電設備（太陽電池発電設備は50kW未満、内燃力を原動力とする火力発電は10kW未満）を施設した場合、一般用電気工作物等の適用を受ける。

問題2．配線図

問い31 ニ

自動点滅器の図記号の傍記表示はAになる。

問い32 イ

$\bigotimes_6$ の図記号は、リモコンセレクタスイッチを表す。

問い33 ロ

$\textcircled{\text{II}}_{LK}$ の図記号は、天井面に取り付けた抜け止め形コンセントを表す。

問い34 ニ

$\bigoplus_{E20A}$ の図記号は、20A125V接地極付コンセントを表す。

問い35 ハ

（VE28）は、内径28mmの硬質ポリ塩化ビニル電線管を表す。

問い36 ハ

引込線の電源側には、0.5秒以内に自動的に回路を遮断する装置が設置されていないので、D種接地工事、100Ωになる。

問い37 ロ

⑦で示す箇所は、リモコントランスになる。

問い38 イ

⑧の回路は、300V以下で対地電圧150V以下なので、絶縁抵抗として許容される最小値は0.1MΩになる。

問い39 イ

$\textcircled{S}_{f20A}$ の図記号は、20Aヒューズのある電流計付開閉器を表し、過電流を遮断する。

問い40 ロ

⑩の部分は、3路スイッチに行く電線なので3本になる。

問い41 イ

⑪の部分の接続（刻印）は、**第1図**のようになる。

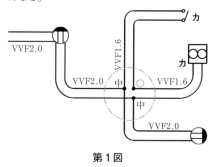

第1図

問い42 ハ

（VE28）は硬質ポリ塩化ビニル電線管を表し、電線管相互の接続にTSカップリングを使う。

問い43 イ

⑬の部分にパイプレンチは使わない。

問い44 イ

漏れ電流の測定には、クランプ形漏れ電流計が使われる。

問い45 ニ

⑮の図記号は、リモコンリレーを表し、200V回路なので2極のものを使う。

問い46 ニ

裸圧着端子用の圧着工具で、断面積5.5mm²の接地線に裸圧着端子の接続ができる。

問い47 ニ

●Lの図記号は、確認表示灯内蔵スイッチを表す。

問い48 ロ

⑱の部分のVVF用ジョイントボックス内の接続は、**第2図**のようになる。

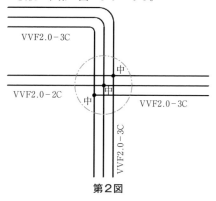

第2図

問い49 ロ

⑲の部分のVVF用ジョイントボックス内の接続は、**第3図**のようになる。

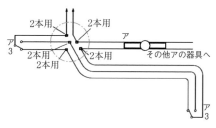

第3図

問い50 ニ

3極200V用接地極付コンセントは、この配線図では使われていない。

INDEX 索引

さ行

Webアプリ「CBT体験版」の使用方法

本書をご購入いただいた方限定の読者特典として、パソコンやスマホでWebアプリの「CBT体験版」を使用できます。あくまで簡易的なオリジナル版ですが、コンピュータ端末で解答するCBT方式の試験感覚を、ぜひ体感してみてください！

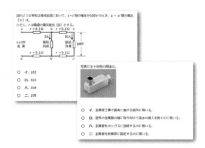

■Webアプリの使用方法

①下記URLにアクセスしてください。
　https://kdq.jp/vbwfm

②表示される案内にしたがって、簡単なアンケートにお答えください。

③アンケートに回答後、WebアプリのURLが表示されるので、そちらにアクセスします。
　（WebアプリのURLは、後日直接アクセスできるように保存しておくと便利です）

■注意事項

- 本特典は、Webアプリ「QuizGenerator」（learningBOX株式会社）となります。ダウンロードやインストールをせずに、PC・スマートフォンのブラウザ上でお使いいただくWebアプリです（一部の機種ではご利用いただけない場合があります）。
- パケット通信料を含む通信費用はお客様のご負担になります。
- 第三者やSNS等での公開・配布は固くお断りいたします。
- システム等のやむを得ない事情により予告なくサービスを終了する場合があります。

STAFF

本文デザイン／島田利之（シーツ・デザイン）
本文イラスト・マンガ／師岡とおる
制　作／ ELEFAメディア
ＤＴＰ／中田康夫

＊本書は、2023年6月時点での情報に基づいて執筆・編集を行っています。刊行後の制度変更等により、書籍内容と異なる場合もあります。あらかじめご留意ください。
＊本書の記述は、著者および株式会社KADOKAWAの見解に基づいています。
＊試験問題の問題文、図、写真の著作権は（一財）電気技術者試験センターにあります。

広川ともき（ひろかわ・ともき）

株式会社ELEFAメディア代表。広川ともきはペンネーム（本名・木本明宏）。
電気工事の現場業務に7年間携わり、平成10年より、岩谷学園高等専修学校電気工事士科の
教員として電気工事士の養成指導にあたる。その後、平成16年にオーム社に入社。雑誌「電
気と工事」の副編集長・編集長を経て独立し、平成31年、ELEFAメディアを設立。電気工事
業界に通ずるエキスパートとして、業界を支援するメディア・コンテンツ制作や資格取得支援
を日々行っている。
執筆を手掛けた書籍に、『現場がわかる！電気工事入門—電太と学ぶ初歩の初歩』電気と工事
編集部［編］（オーム社）、『この1冊で合格！広川ともきの第2種電気工事士技能試験 超合格
トレーニング』『この1冊で合格！広川ともきの第1種電気工事士筆記試験 テキスト&問題集』
（以上、KADOKAWA）などがある。

ELEFAメディア Webサイト：https://elefamedia.com/

改訂版 この1冊で合格！
広川ともきの第2種電気工事士学科試験 テキスト&問題集

2023年7月28日　初版発行

著　者	広川 ともき
発行者	山下 直久
発　行	株式会社KADOKAWA
	〒102-8177　東京都千代田区富士見2-13-3
	電話 0570-002-301（ナビダイヤル）
印刷所	株式会社加藤文明社印刷所
製本所	株式会社加藤文明社印刷所

●お問い合わせ
https://www.kadokawa.co.jp/（「お問い合わせ」へお進みください）
※内容によっては、お答えできない場合があります。
※サポートは日本国内のみとさせていただきます。
※Japanese text only

定価はカバーに表示してあります。

この1冊で合格！

広川ともきの
第2種電気工事士
技能試験
超合格トレーニング

ELEFAメディア 代表　広川ともき 著

第2種
電気工事士
技能試験対策は
本書で決まり！